Mein Hund hat Angst

AUTORINNEN: ANJA MACK, KIRSTEN WOLF | FOTOS: RENOMMIERTE TIERFOTOGRAFEN

Inhalt

Extras

Vertrauen macht stark

Eine gesunde Vorsicht braucht jeder Hund, sie schützt ihn vor Gefahren. Zu viel Angst dagegen kann problematisch werden: Ein ängstlicher Hund hat mehr Stress und reagiert in entsprechenden Situationen oft unangemessen. Mit einem gezielten Training verhelfen Sie Ihrem Vierbeiner zu mehr Ruhe und Gelassenheit.

Angst hat viele Gesichter

Hunde haben vor allem Möglichen Angst: Der eine fürchtet sich vor Staubsaugern, vor Regenschirmen oder vor einer vom Wind bewegten Plastiktüte. Der andere verbellt ängstlich andere Hunde oder Menschen – oder weicht ihnen weiträumig aus. Es gibt Vierbeiner mit Geräuschphobien oder Trennungsstress, es gibt die Furcht vor dem Autofahren und die Panik bei Gewitter. Und während der eine Hund nur gelegentlich furchtsam reagiert, scheinen andere ständig in Angst und Schrecken zu leben.
Sie lieben Ihren Hund und möchten ihm helfen, weniger Angst zu haben? Eine gute Entscheidung! Denn es befreit nicht nur Ihren vierbeinigen Freund von unnötigem Stress, sondern fördert auch ein unbeschwerteres Miteinander. Viele Hundehalter versuchen es jedoch mit Zuspruch und noch mehr Liebe. Aber dieser gut gemeinte Trost bewirkt leider nicht das Richtige. Was Ihr Vierbeiner braucht, ist ein gezieltes Anti-Angst-Training: Bewältigungsstrategien, kombiniert mit einem Sicherheits- und Entspannungsprogramm. Das erfordert zwar Geduld und sicher auch die eine oder andere Umstellung im eigenen Verhalten. Doch jeder Hundehalter kann lernen, wie er in »Angstsituationen« selbst einen kühlen Kopf bewahrt (damit sich sein Hund von ihm das richtige Verhalten abschauen kann).

Sicherheit vermitteln

Zur Grundlage eines souveränen Hund-Mensch-Teams gehören auch Regeln für den Umgang mit Ihrem Vierbeiner drinnen und draußen; sie sind genauso wichtig wie genügend Zeit für Zärtlichkeit. Ihrem Hund geben Sie damit das wichtige Signal »Was auch immer passiert, ich bin für dich da« – genau das, was er braucht, um Angstsituationen in Zukunft mit mehr Gelassenheit zu nehmen.

Welche Ängste gibt es?

Es gibt eigentlich nichts, wovor Hunde keine Angst kriegen können. Sie fürchten sich vor Menschen, vor anderen Hunden, vor Dingen, Geräuschen und vielem mehr. Dabei zeigen sie unterschiedliche Reaktionen: Von (gesunder) Vorsicht bis zu Panik.
Um das Angstverhalten richtig einschätzen und behandeln zu können, müssen Sie es richtig zuordnen.

Gesunde Vorsicht

Jedes Lebewesen braucht sie, denn sie sichert das Überleben. Meist nehmen wir die Signale der Vorsicht jedoch kaum wahr: Begegnet etwa ein souveräner Hund einem anderen, begrüßt er ihn nicht stürmisch frontal, sondern geht in einem kleinen Bogen auf ihn zu und meidet den direkten Blickkontakt. Ein Welpe oder Junghund lernt diese Vorsicht durch Erfahrung: Rennt er allzu stürmisch auf einen erwachsenen Hund zu, zeigt dieser durchaus Drohgebärden, die dem jungen Stürmer ordentliches »Benehmen« beibringen sollen.

Schreckreaktion

Jeder kennt es: Irgendwo knallt eine Tür, wir zucken zusammen. Dieser unwillkürliche Reflex schärft unsere Sinne für Gefahren. Auch Hunde erschrecken bei unerwarteten Ereignissen, zum Beispiel, wenn neben ihnen ein Besen umfällt oder ein Motorrad knattert. Wird der Auslöser als ungefährlich eingestuft, ist die Angelegenheit mit dem Zusammenzucken erledigt – der Hund entspannt sich wieder. Fühlt er sich jedoch bedroht – zum Beispiel, weil er das Geschehen nicht richtig einordnen kann, entsteht daraus unter Umständen Furcht. Als schreckhaft gilt ein Hund, wenn dieser Reflex sehr oft ausgelöst wird.

Angst beziehungsweise Furcht

Angst bezeichnet ein eher allgemeines Gefühl der Bedrohung, das man zum Beispiel in einer dunklen Nacht empfindet. Furcht wiederum nennt die Wissenschaft das ängstliche Verhalten in einer konkreten Situation, etwa vor einem Menschen, Gegenstand oder Geräusch; genau genommen geht es also um Furcht, die wir bei unseren Hunden beobachten. Das Gute daran: Wenn wir den Auslöser einmal erkannt haben, können wir dem Hund mit einer gezielten Strategie helfen.

Panik

Eine Situation, die Hundehalter sicher am meisten fürchten: Das Tier erschrickt so sehr oder empfindet eine Bedrohung als so stark, dass es panisch davonläuft. Kein Rufen erreicht den Hund mehr, er flüchtet, ohne seine Umgebung wahrzunehmen.
Wichtig Eine Kontaktaufnahme ist in dieser Situation nicht möglich. Laufen Sie dem Hund daher nicht laut rufend hinterher, sondern versuchen Sie, ihm unauffällig zu folgen (→ Seite 37).

Stress

Keine Frage, alle die genannten Reaktionen bedeuten für den Hund Stress. Wie stark dieser allerdings empfunden wird, hängt von den individuell erlernten Bewältigungsstrategien Ihres Vierbeiners ab. Erlebt beispielsweise ein ängstlicher Hund zu wenig Entspannungsphasen (→ Seite 52–59), führt das zu Dauerstress, der sogar krank machen kann. Deshalb ist es wichtig, die Angst Ihres Vierbeiners nicht auf die leichte Schulter zu nehmen und Stresssignale richtig zu deuten (→ Seite 18–19).

Nicht wenige Hunde empfinden das Alleinsein als Stress. Doch ein paar Stunden muss es auch mal ohne Sie gehen. Das kann Ihr Vierbeiner lernen.

Wenn sich Ihr Hund vor harmlosen Alltagsgegenständen fürchtet, sollten Sie das ernst nehmen. Helfen Sie ihm, sich von der Ungefährlichkeit zu überzeugen.

Wovor hat Ihr Hund Angst?

Wichtiger als alle Ursachenforschung ist es zu wissen, wovor Ihr Tier Angst hat – und wie es reagiert. Davon hängt ab, welche Strategie am besten hilft.

Mein Hund fürchtet sich vor ...

› Lebewesen: Eine gewisse Unsicherheit vor fremden Menschen (Kinder!), Hunden und artfremden Tieren ist nicht selten. Problematisch wird es, wenn daraus Angst oder sogar »defensive Aggression« wird (→ Kasten Seite 17).

› Gegenständen: Staubsauger, Einkaufswagen, Mülltonne, Motorrad – beinahe alles kann den Hund erschrecken. Oft gerade dann, wenn sich am Gewohnten etwas verändert (→ Seite 40–41).

› Geräuschen: Ob harmloses Klicken oder mächtiges Gewitter, viele Geräusche können unseren Vierbeiner in Panik versetzen. Eine »Desensibilisierung« und andere Tricks helfen, Ihren Hund an das jeweilige Geräusch zu gewöhnen (→ Seite 38–39)

› unbekannten Untergründen, Unterführungen, U-Bahn, Auto(fahren) etc.: Mit dem entsprechenden Training lässt sich diese Furcht in der Regel gut in den Griff bekommen (→ Seite 51).

› Alleinsein (Trennungsstress): Es gibt Hunde, die winseln und bellen, bis Herrchen oder Frauchen zurück sind. Manche »verewigen« sich mit einem Pfützchen (oder mehr) auf dem Teppich, andere kratzen an Türen oder zerstören gar die Einrichtung. Hier ist erst einmal »Entstressen« angesagt (→ Seite 49–50).

Führen Sie ein **Angst-Tagebuch**

ÜBERBLICK VERSCHAFFEN Schreiben Sie ein bis zwei Wochen auf, wovor Ihr Hund Angst hat und wie er reagiert. Dann erstellen Sie eine Prioritätenliste – wahrscheinlich sind einige Ängste störender als andere. So ein Tagebuch ist eine gute Grundlage für Ihren individuellen Therapieplan und auch dann sinnvoll, wenn Sie professionelle Hilfe in Anspruch nehmen wollen.

Selbstsicher – oder eher ängstlich?

Wenn ein Hund vor einem anderen aggressiven Hund Angst hat, dann kann man das gut nachvollziehen. Aber warum versucht er immer wieder vor der netten Nachbarin zu flüchten, die ihn doch nur streicheln möchte? Viele ängstliche Reaktionen unserer Vierbeiner verstehen wir nicht. Das erschwert es, richtig damit umzugehen. Deshalb macht es Sinn, sich die Ursachen und die Entstehung von Angst einmal genauer anzuschauen.

Die ersten Lebenswochen

Der menschliche Lebensraum, in den der Hund immer als »Neuling« hinzukommt – ob als Welpe oder als älterer Hund –, ist für ihn voller neuer Umweltreize. Wie er damit umgeht, hängt von verschiedenen Faktoren ab – zum Beispiel von den Erfahrungen, die der Hund in seinen ersten Lebenswochen macht. Verhaltensforscher haben herausgefunden, dass ein Welpe bis zur achten Woche weitgehend angstfrei lebt; von da an steigt das Angstverhalten langsam, aber stetig. Deshalb spielen die ersten acht Wochen durchaus eine wichtige Rolle für das spätere Nervenkostüm unseres Vierbeiners. Egal, ob eine Schubkarre im Garten oder ein Stofftunnel, die gemeinsame Autofahrt mit der Hundemutter und den Welpengeschwistern oder Nachbarskinder, die zu Besuch kommen, ein Kaninchen im Auslauf oder der Hund von gegenüber: Erhält ein Welpe oft genug Gelegenheit, in sicherer Atmosphäre unterschiedliche Umweltreize kennenzulernen und zu erforschen, ist das ein gutes Startkapital für die spätere Phase im neuen Zuhause.

In einer guten Welpenspielstunde trainieren die Kleinen in sicherem Umfeld soziales Verhalten.

Die Sozialisierungsphase In der für ihn neuen Umgebung braucht der junge Hund souveräne Vorbilder. Das ist in der Hauptsache sein neuer Mensch. Lernt er von ihm, wie man sich in ungewohnten Situationen richtig verhält, kann er ein solides Selbstbewusstsein gegenüber seiner Umwelt entwickeln. Die Sozialisierungsphase (bis ca. 16. Woche) ist also von großer Bedeutung: Ein Welpe, der in dieser sensiblen Zeit vieles neugierig erkunden darf (Menschen, Hunde, artfremde Tiere, Staubsauger, Fahrrad, Bus etc. → Tabelle Seite 31) und dabei viele positive Erfahrungen macht, empfindet Neues später viel weniger oder gar nicht als furchterregend. Er schnuppert dann allenfalls einmal kurz in die Richtung; sein Gehirn signalisiert ihm »Kenne ich« – und souverän geht er daran vorbei.

Reizarmut und schlechte Erfahrungen

Anders, wenn der junge Hund in einer reizarmen Umwelt und ohne souveränes Vorbild aufwächst. Dann hat er kaum Gelegenheit, ohne großes Risiko situationsangepasstes Verhalten auszuprobieren. Deshalb kann er später in unbekannten Situationen nicht aus einem großen Erfahrungsschatz schöpfen, er reagiert unflexibler. Manchmal genügt schon eine (!) schlechte Erfahrung, die der Hund als Angstauslöser speichert. Je nach individueller Reizschwelle, bisheriger Lernerfahrung und Intensität des Erlebten kann der Hund darauf mit Angst- oder Aggressionsverhalten reagieren.

Mutige und ängstliche Rassen?

Wie sehr die Gene das Verhalten unserer Vierbeiner mitbestimmen, zeigt ein Vergleich zwischen Wolf und Haushund: Der wölfische Urahn ist viel scheuer als unser domestizierter Vierbeiner. Dem Haushund hat der Mensch über Jahrtausende hinweg ein allzu ängstliches Verhalten »weggezüchtet« – mal mehr, mal weniger, je nach ursprünglichem Arbeitsgebiet: Ein Labrador Retriever, der dem Jäger das geschossene Federvieh aus dem Wasser apportieren soll, darf beim Gewehrknall nicht das Weite suchen. Terrier oder Dackel, die Fuchs und Dachs aus ihrem Bau vertreiben sollen, müssen unerschrocken sein, um sich gegen das wehrhafte Raubzeug zu behaupten. Ein Wachhund dagegen wird ohne ein gewisses Angstpotenzial nicht die nötige Wachsamkeit entwickeln (= niedrige Reizschwelle). Doch genetische Faktoren lassen sich nicht verallgemeinern. Es gibt gelassene und freundliche Schäfer- und Hütehunde, schreckhafte Dackel, ängstliche Terrier, defensiv aggressive Retriever. Angst ist also immer ein Zusammenspiel aus Prägung, Sozialisierung, Erfahrung, erlerntem Verhalten und genetischer »Mitgift«.

Ein Wolf ist sehr viel ängstlicher als der domestizierte Haushund. Doch eine gewisse Vorsicht braucht auch unser Vierbeiner in seiner Umwelt.

Die nette **Nachbarin ...**

RICHTIG REAGIEREN Auch Missverständnisse in der Kommunikation zwischen Mensch und Hund können zu Fehlverknüpfungen führen. Ein Beispiel: Die nette Nachbarin beugt sich über den Welpen und möchte ihn streicheln. Der noch unsichere Hund empfindet das jedoch als bedrohlich, deshalb weicht er zurück. Wenn Frauchen ihn daraufhin lieb tröstet (»Hab keine Angst!«), versteht der Hund das womöglich als Lob für sein Zurückweichen. Oder er interpretiert die Worte so, dass Frauchen auch beunruhigt ist. Und schon wird aus einer leichten Unsicherheit Angst. Besser: Bitten Sie Ihre Nachbarin, den Hund zu ignorieren, damit er von sich aus Gelegenheit hat, an ihr zu schnuppern (→ Seite 43).

Auch ältere Hunde entwickeln Ängste

Mit dem Ende der Welpenzeit ist die Entwicklung des Hundes nicht abgeschlossen. Wie wir selbst lernen auch unsere Vierbeiner ein Leben lang: Positives wie Negatives. Das ist einerseits ein Glück, denn so haben wir auch später noch die Möglichkeit, unserem vierbeinigen Freund »erlernte« Angst wieder zu nehmen. Andererseits bedeutet es, dass ein Hund auch dann noch Ängste entwickeln kann, die ihren Ursprung nicht in der Welpenzeit haben.

Mangelnde oder schlechte Erfahrungen kann man später noch durch gezielte Gewöhnung ausgleichen.

Wenn der »Freund« erschreckt ...

Dass Hunde von anderen Hunden lernen, haben wissenschaftliche Verhaltensbeobachtungen mehrfach nachgewiesen. Das gilt leider auch für ängstliches Verhalten: Orientiert sich Ihr Hund gern an einem vierbeinigen Kumpel, den er als eine Art väterlichen Freund betrachtet, kann er durchaus Eigenheiten aus dessen Verhaltensrepertoire übernehmen. Erschrickt sein tierisches »Vorbild« zum Beispiel beim gemeinsamen Spaziergang oft, wenn es irgendwo in der Ferne knallt, kann sich Ihr Hund diese »Macke« in kürzester Zeit »abgucken« und ebenfalls eine Geräuschphobie entwickeln – ohne selbst je negative Erfahrungen gemacht zu haben.

Schmerzen machen unsicher

Ein anderer Auslöser für Angst können Schmerzen sein. Tut dem Hund etwas weh, etwa das Hüft- oder Ellbogengelenk, und erfolgt der Schmerzimpuls häufig beim Treppensteigen, kann es durchaus sein, dass er die Treppenstufen mit der unangenehmen Empfindung verknüpft.
Neben solchen »versteckten« gesundheitlichen Angstmotiven gibt es aber auch klar nachvollziehbare »schmerzliche« Ursachen: Hat sich Ihr Hund zum Beispiel beim Ein- oder Aussteigen ins Auto einmal die Rute eingeklemmt, ist es gut möglich, dass er dieses Erlebnis fortan mit dem PKW verknüpft – und am liebsten überhaupt nicht mehr mit dem Auto fahren möchte.

Auch andere Erkrankungen, zum Beispiel des zentralen Nervensystems (Epilepsie, Borreliose) oder eine Schilddrüsenunterfunktion wirken sich unterschiedlich auf den Organismus des Hundes aus und können ein irrationales Angstverhalten auslösen. Nicht zuletzt spielen auch Altersgebrechlichkeiten des Vierbeiners eine Rolle: Wenn Ihr bislang souveräner »Oldie« immer öfter schreckhaft reagiert (und dabei vielleicht sogar auch mal schnappt), liegt es womöglich daran, dass er schlechter sieht oder hört; auch eine Herz-Kreislauf-Schwäche lässt den Hund unsicherer werden. Ein Gesundheits-Check ist deshalb durchaus sinnvoll, wenn Sie die Ursache für ein ängstliches Verhalten nicht herausfinden können. Am besten führen Sie vor dem Tierarztbesuch ein paar Tage Protokoll und notieren darin genau, wann der Hund ängstlich reagiert hat und wie das jeweilige Umfeld war.

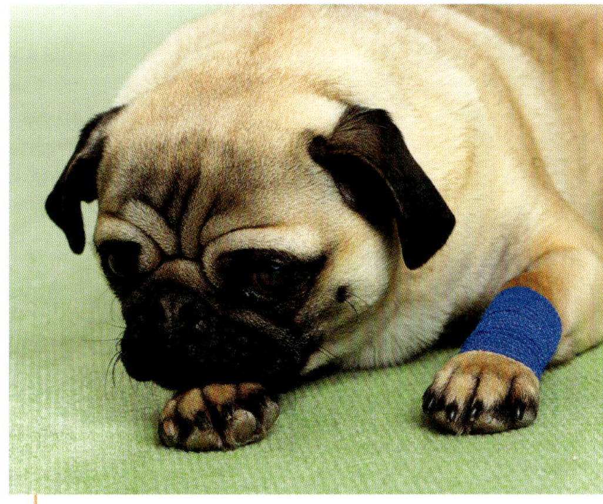

Manchmal sind Krankheit, Verletzung oder Schmerz Auslöser für bestimmte Ängste. Ein Tierarztbesuch ist deshalb durchaus Teil der Ursachenforschung.

Schlimme Erlebnisse

Manchmal genügt schon eine besonders intensive schlechte Erfahrung, um die jeweilige Situation als Angstauslöser zu speichern, zum Beispiel ein heftiger Angriff von einem aggressiven Hund. Ihr Vierbeiner fürchtet sich dann zukünftig vielleicht immer vor Hunden ähnlichen Typs oder überträgt die Angst gar auf alle Hunde. Wichtig: Lassen Sie sich nicht zu viel Zeit, diese Verknüpfungen wieder zu »löschen«. Mit positiven Hundebegegnungen, am besten mit unbedingt verlässlichen Artgenossen, können Sie der schlechten Erfahrung Ihres Vierbeiners entgegenwirken (→ Seite 46–48).

Zu viel für schwache Nerven

Ein psychisch instabiler Hund – ob wegen mangelnder Sozialisation, genetischer Ausstattung oder schlechter Erfahrungen – kann von Umweltreizen schnell überfordert sein. Er schreckt dann plötzlich nicht mehr nur vor der Litfaßsäule zurück, sondern auch vor dem Blumenbottich vor der Ladentür oder vor dem unscheinbaren Papierkorb. Irgendwann ist ein »normaler« Stadtgang mit ihm fast unmöglich.

Reizübertragung Verknüpft der Hund eine beängstigende Situation mit einer anderen, nennt man dies eine Reizübertragung. Bläst zum Beispiel der Wind gerade heftig in eine Motorradhaube, während ein ängstlicher Hund daran vorbeigeht und zugleich startet in der Ferne ein Martinshorn, dann verknüpft er diese beiden Situationen womöglich – und fürchtet sich zukünftig auch vor jedem Krankenwagen im Einsatz und jedem Feuerwehr-Tatütata. Deshalb ist es oft ratsam, bedrohliche Situationen erst einmal zu meiden und die Unsicherheit mit einem gezielten Trainingsprogramm Schritt für Schritt abzubauen (→ Seite 37).

Wenn die Vergangenheit im Dunkeln liegt

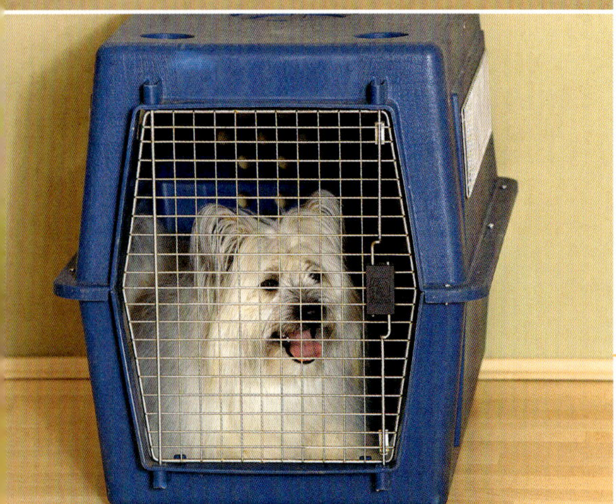

Vielleicht haben Sie einen erwachsenen Hund aus dem Tierheim oder von einer Tierschutz-Organisation übernommen, weil Sie einem besitzerlosen Vierbeiner eine Chance auf ein schönes Hundeleben geben wollen. Die Wahrscheinlichkeit, dass dieser Hund im Laufe seines Lebens Ängste zeigt, ist sicher größer als bei einem Welpen, der von der Hundemutter in seine neue Familie wechselt. Asyl-Hunde haben die unterschiedlichsten Vorgeschichten hinter sich: Viele wurden ausgesetzt, landeten als »Trennungswaisen« im Tierheim, oder die Besitzer waren mit ihnen überfordert. Andere haben Zeiten großer Vernachlässigung hinter sich. Hunde aus fremden Ländern, gerade aus Süd- und Osteuropa, sind in einem völlig anderen Umfeld aufgewachsen, vielleicht sogar auf der Straße. Stammt der Vierbeiner aus einer Region, in der Menschen eher Feinde des Hundes sind, hat er womöglich eine tief verwurzelte Angst vor Begegnungen mit Menschen. Doch lang nicht jeder Tierheim- oder Straßenhund wurde früher misshandelt und reagiert deshalb in bestimmten Situationen verängstigt (oder sogar aggressiv). Knurrt ein Hund beispielsweise Männer in dunkler Kleidung und Hut an, muss es nicht daran liegen, dass er genau mit diesem Typ Mensch schlechte Erfahrung gesammelt hat. Es ist sehr viel wahrscheinlicher, dass der Vierbeiner einfach unzu-

Nicht immer wissen wir, was unsere Vierbeiner in ihrem bisherigen Leben schon alles erlebt haben.

Viele Hunde aus dem Ausland finden bei uns ein neues Heim. Mit gezieltem Üben gewinnen auch sie Vertrauen.

reichend sozialisiert ist (→ Seite 8) und daher generell auf Ungewohntes überreagiert.
Mitleid ist grundsätzlich ein schlechter Berater für den richtigen Umgang mit ängstlichen Tierheim- oder Straßenhunden. Denn es führt leicht dazu, dass man dem Tier alle möglichen störenden Verhaltensweisen zugesteht, statt sie zu korrigieren.

Gemeinsam gegen die Angst

Nur selten lässt sich bis ins Detail herausfinden, was so ein Hund alles erlebt hat, bevor Sie ihm ein neues Zuhause gegeben haben. Doch das heißt nicht, dass Sie deshalb ewig gegen »das große Unbekannte« im Leben Ihres Hundes ankämpfen müssen. Ursachenforschung ist zwar hilfreich, aber nicht das Wichtigste. Entscheidend ist die passende Therapie. Und die unterscheidet sich nicht wesentlich von der für Hunde mit bekannter und weniger dramatischer Vorgeschichte: Jeder ängstliche Hund braucht

- ein stressfreies Zuhause und eine Person, der er vertraut und die ihm Sicherheit gibt,
- klare Regeln, die ihm sagen, was richtig und was falsch ist, und
- Lösungsstrategien, die gezielt an der individuell gezeigten Angst ansetzen.

Je nach Angstverhalten und Intensität ist das eine durchaus aufwendige Aufgabe, die Ihren Lebensrhythmus erst einmal ganz schön durcheinanderbringen kann. Zum Beispiel dann, wenn wegen der Trennungsangst Ihres Schützlings an Kinobesuche oder ans Essengehen erst einmal nicht zu denken ist; es sei denn, Sie buchen einen erfahrenen Hundesitter. Oder aber wenn die Spaziergänge, die Sie sich so herrlich vorgestellt haben, in Dauerstress ausarten, weil Ihr Hund draußen vor lauter Angst das Weite sucht oder auf fremde Menschen und andere Hunde mit Verbellen reagiert. In solchen Fällen sollten Sie nicht allzu lange darauf warten, dass sich das Problem von selbst löst (»er wird sich schon eingewöhnen ...«). Denn die Gefahr ist groß, dass sich problematische Bewältigungsstrategien wie Weglaufen oder Verbellen festigen. Werden Sie lieber möglichst bald aktiv, vor allem bei gefährlichem Verhalten wie defensiver Aggression (→ Kasten Seite 17). Oft ist es sogar ratsam, professionelle Hilfe in Anspruch zu nehmen.

Eine Liebe fürs Leben Wer einen Adoptiv-Hund aufnimmt, weiß in der Regel, dass es etwas dauern kann, bis man sich aneinander gewöhnt und jeder seine Rolle gefunden hat. Doch schon bald wird sich Ihr neuer Freund auf vier Pfoten einen festen Platz in Ihrem Herzen erobert haben, selbst wenn der gemeinsame Start in das neue Leben anfangs nicht ganz reibungslos verläuft. Die meisten dieser Freundschaften halten übrigens ein Hundeleben lang: Nur wenige Asyl-Hunde werden von ihren »Adoptiveltern« wegen Überforderung wieder ins Heim zurückgebracht. Viel häufiger stellt sich nach einer intensiven Zeit des Eingewöhnens das beglückende Gefühl ein, es gemeinsam geschafft zu haben.

Vererbte **Scheu**

AUS ERFAHRUNG ÄNGSTLICH Bei Vierbeinern aus »hundefeindlichen« Regionen wie Osteuropa kann sich die Scheu vor Menschen sogar bereits in der genetischen Ausstattung manifestiert haben, weil sie von Generation zu Generation weitergegeben wurde. Dann ist das entsprechend ängstliche Verhalten oft vorprogrammiert. Doch auch dies lässt sich meist gut therapieren.

Rechtzeitig ein anderes Verhalten trainieren

Eine gesunde Vorsicht ist jedem Lebewesen angeboren. Sie schützt Mensch und Tier vor gefährlichen Situationen und ist nicht nur in freier Natur überlebenswichtig. Ein Tier, das sich verletzt, kann nicht jagen, kann also seine Nachkommen nicht versorgen oder droht gar umzukommen.
Auch unsere Vierbeiner brauchen ein gewisses Angstpotenzial, um sicher durchs Leben zu kommen: Ein Hund ohne jede Vorsicht würde über Brückenmauern oder Abgründe springen, sich in reißende Gewässer stürzen und auch vor unsicherem Gelände nicht haltmachen. Keine Gefahr könnte ihn schrecken. Dennoch: Bei Tieren, die mit uns Menschen in Gemeinschaft leben, ist eine allzu große Vorsicht nicht mehr notwendig. Angstverhalten wirkt oft sogar eher störend; so ist ein Jagdhund, der bei jedem Knall die Flucht ergreift, dem Jäger keine große Hilfe. Deshalb sind domestizierte Tiere je nach Art, Rasse und Individualität in der Regel weniger ängstlich als ihre Urform, und sie lassen sich auch nach der Sozialisierungsphase noch an Fremdes gewöhnen (»resozialisieren«). Der Mensch hatte und hat also einen starken Einfluss auf das Angstverhalten des Hundes.

Echte Emotionen: Hunde können sich nicht verstellen. Ihre Körpersprache zeigt uns deutlich, was sie gerade empfinden.

Eingefahrene Bewältigungsstrategien

Ein Hund, der in seinen ersten Lebenswochen nur sehr wenige oder viele schlechte Erfahrungen mit Umweltreizen sammeln konnte, der vielleicht isoliert von Artgenossen und Menschen aufwuchs, hat kaum souveräne Bewältigungsstrategien parat. Auf Unbekanntes reagiert er deshalb viel häufiger instinktiv mit Angstverhalten. Das stellt ihm drei Möglichkeiten zur Verfügung: In der Verhaltensforschung spricht man von »Flight« (Flucht), »Fight« (Kampf) oder »Freeze« (Erstarren). Womöglich haben Sie diese Reaktionen schon einmal an Ihrem Vierbeiner beobachten können, zum Beispiel bei der Begegnung mit einem anderen Hund. Vielleicht ist Ihr Hund dem anderen ausgewichen oder davongelaufen (Flucht). Eventuell hat er ihn auch als ver-

Wenn Sie Ihren Hund gut beobachten, lernen Sie immer besser, sein Verhalten richtig einzuschätzen. Signale der Angst: der Blick in Richtung der gefürchteten Situation, die Mundwinkel weit nach hinten gezogen und die Ohren angelegt. Die Körperhaltung ist geduckt, die Rute zwischen die Beine geklemmt.

meintliche Bedrohung angeknurrt oder verbellt (Kampf). Oder er ist abrupt stehen geblieben und in dieser Haltung »erstarrt«, bis die Bedrohung vorüber war (Erstarren).

Während das »Erstarren« als Macht- oder Hilflosigkeit bezeichnet werden kann, sind »Flucht« und »Kampf« zweifelsohne Verhaltensweisen, die dem Hund in der jeweiligen Schrecksituation sofort Erleichterung verschaffen. Der Hund empfindet sie als stark belohnend. Und das kann Folgen haben:

› Der »ängstliche« Hund macht dieses Verhalten womöglich zu seiner bevorzugten Bewältigungsstrategie, ohne andere Reaktionsmöglichkeiten auszuprobieren (sein Verhalten hat ja gewirkt).
› Und er wendet die Strategie bald immer früher an, auch wenn die Situation noch gar nicht bedrohlich ist. Das gilt vor allem für die »Angstaggression« (defensive Aggression). Am Schluss reagiert der Hund bereits vorbeugend mit einer Attacke, die Angst ist dann nicht mehr als solche zu erkennen.

Bei Dauerstress zum Tierarzt

Ein Hund mit einer gesunden Vorsicht lebt unbeschwerter als ein Artgenosse, der sich zu häufig in Gefahr wähnt. Das kann zu Dauerstress führen, der im schlimmsten Fall sogar krank macht (zum Beispiel Magengeschwür).

Typische Anzeichen für Dauerstress sind
- das Wundlecken von eigenen Körperteilen (sogenanntes Leckekzem),
- auffällig häufiges Nagen oder Zerbeißen von Gegenständen,
- zwanghaftes Hin-und-Hergehen im Zimmer und
- Schnappen nach imaginären Fliegen.

Wenn Sie solche Anzeichen an Ihrem Hund bemerken, sollte ein Tierarztbesuch klären, ob eine organische Erkrankung oder tatsächlich Stress dahintersteckt. In manchen Fällen kann es helfen, eine Verhaltenstherapie mit Stress mildernden Medikamenten zu unterstützen. So gibt es die Möglichkeit, ängstlichen, gestressten und auch defensiv aggressiven Hunden über Pheromone zu mehr innerem Wohlbefinden und Entspannung zu verhelfen. Diese Geruchsstoffe, die die Mutterhündin ihren Welpen übermittelt, gibt es als Halsband, Zerstäuber oder Spray (mit der Bezeichnung D.A.P. = Dogs Appeasing Pheromones). Auch homöopathische

Dieser Hund hat keine souveräne Bewältigungsstrategie für die »Bedrohung« parat. Durch den Zug auf der Leine fühlt er sich zudem von seinem Besitzer unterstützt.

Mittel oder Bach-Blüten können sinnvoll sein. Wichtig: Wenden Sie jedes Mittel nur nach einem ausführlichen Beratungsgespräch mit einem Experten an (Tiermediziner, Homöopathen, erfahrene Hundetrainer). Denn bestimmte Mittel eignen sich zwar für ängstliche und gestresste Vierbeiner, nicht aber für defensiv aggressive Hunde.
Gefahr droht aber auch von den eigentlichen Angstreaktionen. Zum Beispiel, wenn Ihr Vierbeiner versucht, sich mit einem plötzlichen Sprung auf die Straße vor einem verhüllten Motorrad zu »retten«, oder bei einem Gewitter panisch die Flucht ergreift und vor ein Auto läuft.
Zusammenfassend lässt sich sagen:

- Angst ist grundsätzlich ein sinnvolles Verhalten, wenn sie als »gesunde Vorsicht« dazu führt, gefährliche Situationen zu meiden (zum Beispiel, wenn Ihr Hund sich vorsichtig einem Abgrund nähert und die Gefahr des Sturzes erkennt).
- Hat der Hund zu wenige positive oder gar schlechte Erfahrungen mit Umweltreizen gesammelt, fehlt es ihm in ungewohnten Situationen häufig an passenden Bewältigungsstrategien.
- Typische Reaktionen sind dann Flucht, Kampfverhalten oder Erstarren. Die beiden ersten Verhaltensweisen sind so wirksam (Distanz zum gefährlichen Objekt wird größer; das gefährliche Objekt weicht zurück), dass der Hund sie als stark belohnend empfindet. Sehr wahrscheinlich wird er sie daraufhin immer wieder und womöglich immer frühzeitiger einsetzen.

Vor allem der letztgenannte Punkt ist ein wichtiges Argument dafür, ängstliches Verhalten nicht nur als Marotte des Vierbeiners abzutun. Entwickeln Sie so rechtzeitig wie möglich ein Training, um Ihrem Hund in Angstsituationen ein alternatives, gesünderes Verhalten zu ermöglichen.

Wenn aus **Angst Aggression** wird

TIPPS VON DER HUNDE-EXPERTIN
Anja Mack

DEFENSIVE AGGRESSION Fühlt sich ein ängstlicher Hund in die Enge getrieben, kann er mit »Kampfverhalten« reagieren. Ein Beispiel: Ein Hund, der Angst vor Kindern hat, liegt unter dem Tisch; ein Kind krabbelt auf ihn zu. Der Hund knurrt als Warnung, doch das Kind kommt näher. Weil das Tier keine Möglichkeit zur Flucht sieht, geht es aggressiv nach vorn.

VORBEUGEN Umgehen Sie Gefahrensituationen konsequent, denn ein Hund erlebt »Aggression« stets als stark belohnend. Bei weiteren Vorfällen wird das Verhalten dadurch womöglich verstärkt, oder der Hund greift immer früher an. Nehmen Sie Ihr Tier daher rechtzeitig aus der Situation, um ihm so ein alternatives Verhalten zu zeigen.

SCHUTZ UND HILFE Können Sie nicht immer vorbeugend handeln, schützen Sie Ihre Umwelt, indem Sie dem Hund einen Maulkorb anlegen. Das mag hart klingen, ist aber einfach nur umsichtig und verantwortungsvoll. Nehmen Sie unbedingt professionelle Hilfe in Anspruch, um eine auf das individuelle Verhalten Ihres Hundes abgestimmte Therapie zu erarbeiten.

Typische Stresssignale

Kratzen

Ein Hund, der sich nur mal so kratzt, will sicher einen Juckreiz beseitigen. Kratzt er sich jedoch in Situationen, in denen er sich unwohl fühlt, handelt es sich wie bei Strecken oder sich Schütteln um eine Übersprungshandlung. Diese erfolgt ohne einen Sinnzusammenhang zu der vorausgegangenen Stresssituation.

Nagen und Lecken

Viele Hunde nagen, weil es einfach Spaß macht und schmeckt. Während oder nach einer stressigen Situation kann es aber auch dazu dienen, sich selbst zu beruhigen. Leider werden dabei auch Tischbeine, Türrahmen oder Treppenstufen angeknabbert (etwa bei Trennungsstress). Permanentes Benagen oder auch Lecken von eigenen Körperteilen ist ein deutliches Signal für Dauerstress. Hier sollte ein Tierarztbesuch den Hintergrund klären, bevor Sie mit einem gezielten Anti-Angst-Training beginnen.

Feuchte Pfoten

Hunde haben anders als Menschen nicht überall am Körper Schweißdrüsen, sondern nur an den Ballen. Ein feuchter Pfotenabdruck, zum Beispiel beim Tierarzt, kann ein Zeichen von Stress sein. »Harmlose« Tierarztbesuche ohne Behandlung helfen dem Tier, Vertrauen zu fassen. Auch gut: Zu Hause ab und zu den »Tierarzt« spielen (→ Seite 25).

Hecheln

Beim Anblick eines Artgenossen geraten ängstliche Hunde oft in Stress: Die Herzfrequenz steigt, durch schnelleres Atmen (Hecheln) wird dem Kreislauf mehr Sauerstoff zugeführt. Den braucht der Körper, um optimal auf Flucht oder Kampf vorbereitet zu sein.

Gähnen

Dient dem ängstlichen Hund zum Entstressen in einer angespannten Situation, der er sich nicht entziehen kann. Beispiel: Steht ein Hund, der Angst vor Bussen hat, mit seinem Besitzer angeleint am Busbahnhof, kann er nicht fliehen. Er gähnt deshalb, um den Stress zu »verarbeiten«. Ein entspanntes Müdigkeitsgähnen zeigt ein Hund dagegen, wenn er sich sicher fühlt, beispielsweise zu Hause in seinem Körbchen.

Bei mir bist du sicher

Sie haben es bestimmt schon geahnt: Ein wirkungsvolles Anti-Angst-Training basiert auf Ihrem richtigen Verhalten. Wie Sie Ihrem Hund in den eigenen vier Wänden und draußen beim Spaziergang ein Gefühl der Sicherheit vermitteln und warum Trost leider nicht hilft, das lesen Sie in diesem Kapitel.

Wie der Mensch, so der Hund

Für Ihren Hund sind Sie die wichtigste Person in seinem Leben: Was und wie Sie etwas tun, beeinflusst ihn entscheidend. Und dabei kommt es nicht selten zu Missverständnissen.

Menschen benutzen ihre Sprache als wichtigstes Kommunikationsmittel. Deshalb liegt es für viele von uns nahe, einen ängstlichen Hund wortreich zu trösten – ganz nach dem Motto: »Ist doch gar nicht so schlimm, ich bin doch bei dir«. Manchmal halten wir ihn auch gereizt zum Gehorsam an: »Na komm schon, was soll das, geh zu!« Beim Hund jedoch kommt die Botschaft in beiden Fällen ganz anders an. Er versteht die Worte mal als Bestätigung für das ängstliche Verhalten, schließlich klingt das sanfte Zureden wie ein Lob. Die harschen Worte wiederum, mit denen ein genervter Hundehalter die vermeintliche Macke seines Vierbeiners aus der Welt schaffen will, beunruhigen ihn zusätzlich.

Denn der Hund nimmt seine Umwelt – und damit auch Sie – über alle seine Sinne wahr. Er beobachtet Ihre Körpersprache, interpretiert den Tonfall Ihrer Stimme, bewertet Ihre Reaktionen auf sein Verhalten. Außerdem registriert er auch sehr genau, wie Sie selbst auf die gemeinsame Umwelt reagieren (gestresst, erschrocken oder gelassen) – und orientiert sich daran.

Ein souveränes Team

Beobachten Sie sich einmal aus der Perspektive Ihres Vierbeiners: Welche Signale senden Sie aus? So eine kleine Selbstanalyse hilft, mit der Zeit zum »Gelassenheits-Coach« für den eigenen Hund zu werden (→ Seite 29). Wichtige Voraussetzung dafür ist eine gute Bindung zwischen Ihnen und Ihrem Hund. Sie basiert auf Vertrauen, Konsequenz, Fairness, Nähe und einem spielerischen Miteinander.

Eine klare Hausordnung

In dem nachvollziehbaren Bemühen, Ihr ängstliches Tier zu stärken, tun viele Hundehalter leider oft das Falsche: Großzügig sehen sie über so manche Ungezogenheit hinweg, räumen dem Vierbeiner Privilegien ein und überschütten ihn mit Aufmerksamkeit. Schließlich soll sich der Hund rundum wohlfühlen. Doch zu viele Freiheiten und ständige Zuwendung bewirken eher das Gegenteil. Als »Chef« im Hause ist der Hund heillos überfordert. Je nach Naturell reagiert er darauf rüpelhaft oder mit Stress, nervös oder eben mit Angst. Die Folgen des übermäßigen Verwöhnens sind dabei oft nur schwer nachzuvollziehen. Denn die Wirkung zeigt sich erst mit der Zeit und lässt sich fast nie unmittelbar auf eine einzelne Handlung zurückführen. Stellen Sie sich einmal einen Menschen vor, dem nie jemand widerspricht. Er wird darauf irgendwann mit Rechthaberei und immer höherem Anspruchsdenken reagieren. Oder er fühlt sich bald überfordert, weil er alle Verantwortung trägt – und wird so immer unsicherer in seinen Entscheidungen.

Klare Ansage: Futter gibt es erst für entspanntes Verhalten. Wer solche Regeln konsequent umsetzt, ist für seinen Hund souverän.

Gemeinsam stark

Natürlich dürfen die Bedürfnisse des Hundes nicht zu kurz kommen. Und vieles, was Ihrem Vierbeiner Spaß macht, ist sicher auch eine Bereicherung für Ihre Freizeitgestaltung: Lange Spaziergänge, gemeinsame sportliche Aktivitäten, Spiele und Tricks, Streicheln und Kuscheln. Doch alles zu seiner Zeit und im richtigen Maß. Teilen Sie Ihrem Hund die schönste Nebenrolle in Ihrem Leben zu, aber überlassen Sie ihm nicht die Regie.

Hunde brauchen Regeln Damit sich Ihr Hund in beängstigenden Situationen bei Ihnen sicher fühlt (und nicht die Flucht ergreift oder zum Kampf übergeht), braucht er etwas sehr Wichtiges: Respekt und Regeln, die er konsequent akzeptiert. Nur dann sind Sie ihm ein souveräner Begleiter, dem er vorbehaltlos vertrauen kann. Neben klaren Verhaltensregeln für draußen (→ ab Seite 26) gehört dazu auch eine klare »Hausordnung«.

Ein ruhiger Platz

Jeder Hund braucht einen Korb, eine Decke oder ein Kissen – kurzum ein Plätzchen, das nur für ihn reserviert ist und an das er sich jederzeit zurückziehen kann. Platzieren Sie sein »Bett« so, dass er nicht das Gefühl bekommt, von dort aus alles »kontrollieren« zu müssen. Diese Aufgabe überfordert Ihren Hund. Ideal ist eine Stelle, von der aus er zwar am Familienleben teilhaben kann, aber möglichst nicht die Haustür im Blick hat oder viele Zimmertüren »bewachen« muss. Problematisch sind auch die oft so beliebten erhöhten Kuschelplätze auf dem Sofa oder im Bett. Die sollte der Hund keinesfalls wie selbstverständlich von sich aus einnehmen, sondern allerhöchstens mit Ihrer ausdrücklichen Erlaubnis. Die »strategisch« wichtigen Plätze sollten Ihnen vorbehalten sein; dadurch signalisieren Sie, dass Sie die Kontrolle übernehmen.

Kontrolle über die Umwelt

Ihr Hund sollte wissen, wer von Ihnen beiden »die Lage checkt« – nämlich Sie. Das signalisieren Sie ihm zum Beispiel dadurch, dass Sie vor ihm aus der Wohnungs-, Haus- oder Terrassentür gehen: Sie treten hinaus, schauen nach links und rechts, (»die Luft ist rein«) und lassen erst dann den Hund folgen.

Eindeutige Besitzverhältnisse

Achten Sie darauf, dass Sie über die Verfügbarkeit der »Schätze« Ihres Hundes bestimmen (wie Spielzeug oder Futter) und nicht er selbst. Eine einfache Regel: Wenn Sie das Futter bereiten, sollte der Hund in einigem Abstand ruhig abwarten (eventuell im »Sitz«), bis Sie sich vom Futternapf entfernen und ihn mit einem Körper- oder Wortsignal freigeben. Auf keinen Fall sollten Sie es akzeptieren, wenn der Hund vor lauter Ungeduld an Ihnen hochspringt oder gar fordernd bellt. Stellen Sie den Napf in diesem Fall außer Reichweite weg und verlassen Sie die Küche. Erst wenn er jedes fordernde Verhalten aufgegeben hat, versuchen Sie es erneut – so lange, bis es mit ruhigem Verhalten klappt.
Auch bei Spielzeug und Knochen sollten die Besitzverhältnisse klar sein. Lassen Sie die interessantesten Dinge nicht herumliegen, sondern setzen Sie sie als Belohnung oder für eine Spielrunde ein. Ihr Hund sollte sie zudem jederzeit wieder freigeben.

Zu viel »Laissez fair« kann ängstliches Verhalten noch verstärken. Hunde fühlen sich sicher, wenn sie wissen, was erlaubt ist und was nicht.

Spielzeit ist nicht jederzeit

Natürlich gehören Kuscheln und Spielen mit dem Vierbeiner unbedingt zu einem Rundum-Wohlfühlprogramm dazu. Für einen ängstlichen Hund sind solche Entspannungsphasen sogar besonders wichtig (→ Seite 52–59). Doch auch hier geht es um das richtige Signal: Beginn und Ende der gemeinsamen, aktiven Zeit sollte in aller Regel der Mensch vorgeben und nicht der Hund. Schon gar nicht, wenn er Sie durch Winseln, Bellen oder sogar körperliches Bedrängen (Anstupsen, Anspringen) zu einer Spiel- oder Kuschelrunde auffordern möchte. Selbst wenn er stumm und mit sehnsüchtigem Blick vor der Spielzeugkiste schmachtet: Tun Sie so, als würden Sie es gar nicht bemerken (wenn Ihnen das schwerfällt, hilft der Experten-Tipp auf Seite 25). Die Freude bei Ihrem Vierbeiner wird umso größer sein, wenn Sie ihn unverhofft zu einem Spielchen einladen.

Das Handtuch über der Tür signalisiert Ihrem Hund: Jetzt ist erst mal »Sendepause« (→ Kasten Seite 25).

Richtig begrüßen

Vier Beine sind schneller als zwei: Wenn es an der Tür klingelt, stehen viele Hunde schon erwartungsvoll da, um der Erste im Begrüßungskomitee zu sein. Tierliebe Besucher sind oft nur allzu gern bereit, die stürmische Freude über ihr Kommen als Kompliment aufzufassen und sagen erst dem Vierbeiner Hallo, bevor sie Sie begrüßen. Für den Hund eine ziemlich eindeutige Botschaft: Die Nr. 1 bin ich! Und schon wieder befindet er sich in einer Rolle, die ihn schnell überfordert (→ Seite 22).

Der Mensch kommt zuerst Verabreden Sie mit Ihren Gästen unbedingt eine andere Reihenfolge: Zunächst begrüßen sich die Zweibeiner in aller Ruhe, währenddessen wird der Vierbeiner überhaupt nicht beachtet. Erst wenn der Hund sich unaufdringlich verhält, wendet sich der Besucher auch ihm zu. Reagiert das Tier freudig gelassen, ist dabei auch ein Streicheln erlaubt. Falls Ihr Hund Angst vor Besuchern hat oder aggressiv reagiert, ist eine andere Strategie ratsam (→ ab Seite 44).

Körperkontakt schafft Vertrauen

Ein deutliches Zeichen von Vertrauen ist es, wenn sich Ihr Hund von Ihnen immer und überall anfassen und festhalten lässt. Klappt das noch nicht so gut, sollten Sie ihn mit einem sanften Training daran gewöhnen. Putzen Sie ihm die Pfoten ab, oder rubbeln Sie sein regennasses Fell sanft mit einem Tuch trocken, und bürsten Sie ihn regelmäßig. Wenn Sie diese Rituale immer mit einer anschließenden Belohnung »versüßen«, wird für den Vierbeiner schnell eine angenehme Gewohnheit daraus.

Tierarzt-Spiel Spielen Sie auch daheim öfter mal »Tierarzt«: Sie schauen in seine Ohren, tasten ihn von der Schnauze bis zur Rute ab, heben mal die eine, mal die andere Pfote an – sanft, aber so regelmäßig, dass auch dies bald zur Routine wird. Sendet Ihr Hund dabei deutliche Stresssignale aus (→ Seite 18–19), gehen Sie schrittweise vor, bis er jede Handlung ruhig und entspannt akzeptiert (das kann einige Wochen dauern).

Belohnung nicht vergessen Wenn Ihr Musterpatient geduldig mitmacht, verdient er sich für jeden kleinen Fortschritt ein Leckerli. Klappt alles wie gewünscht, bitten Sie eine andere Person, die Ihr Hund sehr mag, einmal die Tierarzt-Rolle zu übernehmen. So lernt der Hund allmählich, sich auch von Fremden behandeln zu lassen.

Rote Karte für Rüpel

Lassen Sie es nicht zu, wenn Ihr Hund beim Start zum Spaziergang (oder bei der Rückkehr) an der Tür drängelt, wenn er versucht, Ihnen »sein« Spielzeug aus der Hand zu klauen, oder beim Zerrspiel »versehentlich« in Ihre Hand zwickt statt ins Spielzeug. Auch ein unkontrolliertes Hochspringen an Ihnen mit bewusst starkem Körperkontakt ist keine zulässige Annäherung, nach dem Motto »Hart, aber herzlich«. Das einzig richtige Signal, das Sie dem übermütigen Rüpel in diesem Fall setzen können: Beenden Sie das Spiel umgehend.

Zeit für mich, **Zeit für dich**

TIPPS VON DER HUNDE-EXPERTIN
Anja Mack

AUSZEIT Kein Hundehalter muss ständig für sein Tier »ansprechbar« sein. Jeder Hund kann lernen, gewisse Auszeiten zu akzeptieren. Etwa so:

SCHRITT 1 Schütteln Sie ein (Hand-)Tuch für den Hund sichtbar und hörbar aus (ein schreckhafter Hund darf sich davon nicht bedroht fühlen). Hängen Sie das Tuch so über eine Tür, dass der Hund es sieht, aber nicht daran kommt.

SCHRITT 2 Mit diesem Signal beginnt die Auszeit: Ignorieren Sie jede Annäherung des Hundes, schauen Sie ihn nicht an, sprechen Sie nicht mit ihm, streicheln Sie ihn nicht. Ihr Vierbeiner wird bald begreifen: Hängt das Tuch, kann ich rein gar nichts erreichen, also nutze ich die Zeit anderweitig, etwa für eine Schlummerrunde.

SCHRITT 3 Ist die Auszeit vorbei, schütteln Sie das Tuch wieder gut sichtbar und legen es weg. Nun heißt es »Zeit für dich« (Spielen, Gassigehen etc.).

ÜBUNGSDAUER Bis der Hund das Zeitsignal verstanden hat, genügen drei 10-minütige Intervalle am Tag. Später können Sie die Auszeiten auf bis zu zwei Stunden ausbauen.

Regeln für unterwegs

Ein Spaziergang, ganz gleich, wo, lässt sich nie bis ins kleinste Detail planen. Es kann immer zu (unliebsamen) Überraschungen kommen. Damit sich Ihr Hund bei Ihnen sicher fühlt, sollten Sie einige grundsätzliche Regeln kennen. Manchmal kann es sogar sinnvoll sein, eine Weile lang andere Routen und Zeiten einzuplanen. Das entspannte Miteinander unterwegs, an lockerer Leine oder in der Freifolge, hat eine beruhigende Wirkung auf Ihren Vierbeiner. Es lohnt sich deshalb, Geduld und Energie ins Training zu investieren, weil Sie Ihrem Hund damit langfristig ein sicheres Grundgefühl vermitteln.

Eine **Schleppleine** gibt **Sicherheit**

MEHR KONTROLLE Orientiert sich Ihr Hund noch nicht genug an Ihnen, nehmen Sie ihn an eine Schleppleine (10 m). Befestigen Sie diese wegen der Verletzungsgefahr an einem Brustgeschirr.

TRAININGSSCHRITTE Zu Beginn halten Sie die Schleppleine in der Hand und üben mit Ihrem Hund die auf Seite 28 beschriebenen Richtungswechsel. Belohnen Sie ihn für jede Kontaktaufnahme. Folgt Ihr Hund zuverlässig, können Sie die Leine fallen lassen.

IMMER GRIFFBEREIT Nehmen Sie die Schleppleine wortlos auf, wenn Sie einen Bogen um ein Angstobjekt gehen wollen oder den Hund daran hindern möchten, auf einen Menschen, einen Hund oder ein anderes Tier loszustürmen. Nimmt Ihr Hund Kontakt zu Ihnen auf, belohnen Sie ihn.

Der Angst keine Chance geben

Stellen Sie sich vor, Sie sind mit einem unsicheren Autofahrer unterwegs. Auch wenn es nichts nützt: Bald werden Sie selbst nervös um sich schauen und beunruhigt jeden Schreck des Fahrers registrieren. Anders, wenn der Fahrer den Wagen ruhig und gelassen durch die Straßen lenkt: Entspannt lehnen Sie sich zurück und verschwenden kaum einen Gedanken daran, was alles passieren könnte.
Dieses gute Gefühl sollten Sie auch Ihrem Vierbeiner vermitteln. Jede Ihrer Abweichungen vom »normalen« Verhalten registriert Ihr Hund genau. Reagiert er beispielsweise unsicher beim Anblick von Müllautos, wäre es falsch, sogleich die Leine kürzer zu fassen, angespannt zwischen dem Hund und dem Müllwagen hin und her zu schauen und beruhigend mit höherer (= belohnender) Stimme auf ihn einzureden, sobald Sie solch ein Gefährt entdecken. Eine souveräne Reaktion sieht so aus: Sie gehen in normalem Tempo weiter, schauen einmal kurz zum Müllwagen (»Habe ihn auch gesehen«) und dann wieder weg (»Ist unbedeutend«). Würden Sie den Blick vom »gefährlichen« Objekt direkt zum Hund lenken, hieße das für ihn Alarm (»Achtung, Müllwagen!«). Hat Ihr Hund den Eindruck, dass Sie so schnell nichts aus der Ruhe bringt, bleibt er ebenfalls viel eher gelassen. Zeigt er allerdings echtes Angstverhalten (will er flüchten oder bellt), reicht diese Strategie allein nicht aus (→ ab Seite 40).

Immer an der lockeren Leine

Die Bedeutung dieser Regel wird oft unterschätzt. Dabei entscheidet sie darüber, ob sich der Hund an seinem Besitzer orientiert oder nicht. Zieht der Hund,

Für Ihren Hund sind Sie der beste Garant für Sicherheit. Signalisieren Ihre Körpersprache und Ihr Blick »Alles okay«, kann auch er entspannen.

Deshalb ist der Blickkontakt so wichtig: Sieht Ihr Vierbeiner Sie an, nimmt er Ihre Ruhe wahr. Wichtig: Schauen Sie nicht vom Hund zum »Angstobjekt«.

sagt er damit, wo es langgeht. Dabei ist genau das die Aufgabe des Menschen. Abgesehen davon ist ein starker Leinenzug für beide unangenehm.
Für das Sicherheitstraining mit einem ängstlichen Hund kommt ein weiterer Faktor hinzu: Das Ziehen hat einen stark belohnenden Charakter, ermöglicht es doch die »Flucht« vor einem Angstauslöser. Diese Erleichterung erlebt der Hund als so positiv, dass er alternative Verhaltensweisen gar nicht erst ausprobieren wird. Zudem interpretiert er das Sich-Mitziehen-Lassen des Besitzers als ein Hinterherlaufen – »Herrchen/Frauchen flüchtet auch, dann muss die Angelegenheit ja wohl gefährlich sein«. Ein Hund an der lockeren Leine befürchtet so etwas nicht. Mit einem gelegentlichen Blickkontakt versichert er sich der ruhigen Lage und folgt in dem guten Gefühl, dass alles seine Richtigkeit hat. Das stärkt seine Gelassenheit. Den Blickkontakt können Sie fördern, indem Sie jedes Hochschauen mit einem kurzen Lob bestätigen und mit einem Leckerli belohnen. Ebenso sollten Sie es in der Trainingsphase honorieren, wenn der Hund bei einem Richtungswechsel oder Stehenbleiben aufmerksam reagiert. Loben Sie kurz und belohnen Sie anfangs häufiger mit Leckerli (Belohnung später wieder abbauen).

Trainingsregeln Das Wichtigste für ein erfolgreiches Lockere-Leine-Training ist Ihre Konsequenz:

› Stecken Sie die Hand mit der Leine in die Tasche (oder halten Sie sie dicht am Körper). So kommen Sie nicht in Versuchung, den Bewegungen Ihres ziehenden Hundes nachzugeben.

› Lassen Sie den Hund gar nicht erst in die Leine laufen. Bleiben Sie stehen, sobald klar wird, dass er nicht von sich aus verlangsamt (ca. 50 cm vor Leinenende). So geben Sie ihm die Chance, rechtzeitig auf Sie zu reagieren und ebenfalls stehen zu bleiben. Kehrt der Hund an Ihre Seite zurück, gibt es dafür ein Leckerli. Nach einem Blickkontakt wird der Weg dann fortgesetzt. Kommt er nicht zurück, gehen Sie so lange rückwärts, bis er Ihnen folgt und Ihnen einen Blickkontakt gibt. Erst dann geht es weiter.

Das freie Folgen

Wenn Sie mit Ihrem Hund unangeleint spazieren gehen (nur in Gegenden, in denen dies erlaubt ist und keine Gefahren drohen; mit jagdeifrigen Hunden nicht in wildreichem Gebiet), sollte er sich dabei ebenso an Ihnen orientieren wie an der Leine. Das bedeutet, dass Ihr vierbeiniger Freund Ihnen stets in einem gewissen Radius folgen sollte, ohne dass Sie ihn ständig rufen müssen. Ein junger Hund sollte nicht mehr als sieben, acht Meter von Ihnen entfernt laufen, ein erwachsener einen Radius von 10 bis 20 Metern einhalten. Beim Toben mit anderen Hunden oder wenn Sie sich mit ihm spielerisch beschäftigen, darf es auch mal mehr sein.

Ein gezieltes Freifolge-Training könnte so aussehen:

Neues Terrain Beginnen Sie mit dem Training in Gebieten, in denen der Hund sich nicht so gut auskennt (vorausgesetzt, er ist auf fremdem Terrain nicht zu sehr gestresst). Dadurch orientiert er sich ohnehin schon etwas stärker an Ihnen. Das Übungsgelände sollte zudem nicht zu viele Ablenkungen bieten und weiträumig sicher sein.

Wenn gerade nicht die richtige Zeit für ein Training ist – zum Beispiel, weil die Ruhe fehlt –, ist es besser, den Hund auch mal zu Hause zu lassen.

Und los geht's Bei dieser Übung ist der Radius anfangs noch nicht so wichtig. Zunächst einmal geht es darum, das Folgen und Herankommen des Hundes positiv zu bestärken. Marschieren Sie also beherzt in die entgegengesetzte Richtung, die Ihr Hund einschlägt. Sobald er Ihnen folgt (und nicht erst, wenn er an Ihrer Seite ist), loben Sie ihn sofort mit Worten. Kommt er heran, gibt es zudem ein Leckerli. Hat der Hund damit ein Problem, gehen Sie in die Hocke und schauen ihn beim Belohnen nicht direkt an.

Richtungswechsel Kommt der Hund zwar auf Sie zu, läuft aber vorbei, rufen Sie nicht. Drehen Sie sich um und gehen Sie in eine andere Richtung weiter. Schaut er dann wieder nach Ihnen, gehen Sie in die Hocke; das ist eine »einladende« Geste.

Nicht ständig rufen Durch zu häufiges, richtungsweisendes Rufen weiß Ihr Hund stets, wo Sie sich gerade befinden und muss keine Aufmerksamkeit mehr darauf verwenden. Er reagiert dann oft nur noch, wenn er gerade nichts Besseres zu tun hat.

Interessanter Rückruf Rufen Sie Ihren Hund nach Möglichkeit nur noch zu Übungszwecken und belohnen Sie ihn für sein Kommen mit einer ganz besonderen Leckerei oder mehreren Leckerli auf einmal. Laufen Sie ein Stück weg, wenn Ihr Hund auf Sie zukommt, veranstalten Sie einen kleinen Wettlauf mit ihm. Wenn er bei Ihnen ankommt, gibt es wieder eine tolle Belohnung. Das kann auch mal ein kurzes spannendes Spiel sein, vor allem bei Hunden, die Leckerli nicht so reizvoll finden.

Entdeckungen Besonders spannend machen Sie sich für den Hund, wenn Sie vor seinen Augen immer mal wieder etwas Tolles »finden«. Nehmen

Sie etwas für den Hund sehr Reizvolles auf den Spaziergang mit (etwa einen gekochten Knochen, ein Stück trockenen Pansen oder sein Lieblingsspielzeug). Ist Ihr Hund in der Nähe, »entdecken« Sie das Objekt, zum Beispiel am Wegesrand; Ihr Hund sollte Sie dabei beobachten. Freuen Sie sich hörbar über Ihren Fund und nehmen Sie ihn ein Stück weit mit (lassen Sie sich dabei nicht vom Hund bedrängen). Er bekommt ihn dann erst ein wenig später oder sogar erst zu Hause.

Radius verkleinern Hat der Hund das Prinzip der Freifolge begriffen, verfeinern Sie das Belohnungssystem. Ein Leckerli oder ein Spiel gibt es jetzt nur noch, wenn er einen gewissen Radius eingehalten hat. Ansonsten könnte er auf die Idee kommen: »Ein tolles Spiel gibt es immer dann, wenn ich von richtig weit her zurückkomme.«

Futter nur noch draußen

Fruchtet das Training über längere Zeit nicht, versuchen Sie es einmal mit dieser Taktik: Ihr freiheitsliebender Vierbeiner muss sich sein tägliches Futter unterwegs verdienen. Dafür machen Sie es aber auch besonders attraktiv (zum Beispiel eine Handvoll Trockenfutter, vermengt mit Käsestückchen, Trockenfisch oder gebratenem Hackfleisch). Gestalten Sie das Freifolge-Training fair: Die Anforderungen müssen zu Reife und Ausbildungsstand Ihres Hundes passen und dennoch eine gewisse Herausforderung darstellen. Verdient Ihr Hund sich das Futter am ersten Tag nicht komplett, bekommt er den Rest auch nicht in den Napf. Ein paar Brocken gibt es vielleicht noch als Belohnungshappen für die eine oder andere Übung im Laufe des Tages. Doch eine kleine Flaute im Magen ist durchaus beabsichtigt (erst bei Hunden ab sechs Monaten), um die Motivation am Folgetag zu erhöhen.

Mit Spiel und Spaß gegen die Angst: Jeder Vierbeiner hat Talente, die Sie für ein unbeschwertes Miteinander ausbauen können.

Zum **Gelassenheits-Coach** werden

RUHE BEWAHREN Beim Gassigehen ständig ganz gelassen zu bleiben, das ist gar nicht immer so einfach. Vor allem in solchen Situationen, die einem selbst Angst machen – zum Beispiel, wenn Sie sich im Dunkeln fürchten oder wenn ein großer frei laufender Hund auf Sie zukommt. Versuchen Sie es trotzdem: Beruhigen Sie sich innerlich (»Es ist unwahrscheinlich, dass jetzt wirklich etwas Schlimmes passiert«), nehmen Sie eine »mutige« Körperhaltung ein (Kopf hoch, Schultern zurück), gehen Sie mit ruhigem, festem Schritt, konzentrieren Sie sich auf die gewählte Strategie (→ ab Seite 34). So eine bewusst gelassene Haltung wirkt sich ebenso positiv auf Ihre eigene Psyche aus wie auf die des Hundes – und auf sein Verhalten.

Systematisch Mut fassen

Während der Sozialisierungsphase (von der 8. bis etwa 12.–16. Woche, → Seite 8) saugt das Gedächtnis eines Welpen wie ein Schwamm alles auf, was um ihn herum passiert. Deshalb sollten Sie gerade die ersten Lebensmonate Ihres Vierbeiners intensiv nutzen, um mit ihm gemeinsam die Welt zu erkunden. Natürlich kann ein Welpe in dieser recht kurzen Phase nicht alle denkbaren Situationen kennenlernen. Er braucht Zeit, um die neuen Erfahrungen zu verarbeiten. Betrachten Sie daher die Tabelle auf der folgenden Seite nicht als starres Programm, das von A bis Z erledigt werden muss. Lassen Sie sich vielmehr inspirieren, was Sie mit Ihrem Hund unternehmen können, um ihn mit möglichst vielen Dingen vertraut zu machen. Wenn Sie dabei eine unaufgeregte, fröhliche Atmosphäre schaffen und den kleinen Vierbeiner nicht überfordern, nimmt er jedes Mal eine sehr wichtige Botschaft mit: Alles, was er mit Ihnen erlebt, macht Freude und ist sicher.

Nur mal so vorbeischauen: Bei einem »harmlosen« Tierarztbesuch kann der Welpe Vertrauen fassen.

Kurz und gut Setzen Sie Ihren Welpen einer neuen Situation nicht zu lange aus. In der U-Bahn oder Fußgängerzone etwa genügen anfangs zehn Minuten völlig. Bewegen Sie sich ruhig und entspannt, den Hund an lockerer Leine, lassen Sie ihn mal hier schnuppern, mal dort schauen, loben Sie ihn für jeden Blickkontakt (auch mal ein Leckerli dafür geben). Denn damit versichert er sich bei Ihnen, ob alles in Ordnung ist.

»Normal« ist optimal Geben Sie einer möglichen Schrecksituation keine Bedeutung. Fällt etwas vor Ihnen laut scheppernd um, beruhigen Sie den kleinen Hund nicht mit Worten (»Komm weiter, ist ja nichts passiert«), sondern bleiben Sie einfach ganz normal, indem Sie ruhig weitergehen. So lernt Ihr Hund am besten, außergewöhnlichen Zwischenfällen ebenfalls ruhig und gelassen zu begegnen.

Vorausschauend Schutz bieten Könnte es doch mal gefährlich werden, versuchen Sie, Ihren Hund vor einer schlechten Erfahrung zu bewahren. Zum Beispiel so: Vergrößern Sie die Distanz zur möglichen Gefahrenquelle. Nehmen Sie ihn ruhig auf Ihre andere Seite, so dass Sie eine Art schützende Wand zwischen ihm und dem möglichen Stressor sind. Ist Ihr junger Hund noch unsicher gegenüber Menschen, bitten Sie verzückte Hundefreunde, den Kleinen nicht zu streicheln, sondern ihn freundlich zu ignorieren. Stoßen Sie damit auf Unverständnis, entfernen Sie sich ganz entspannt ohne zu schimpfen, denn das wirkt auf Ihren Hund beunruhigend.

Mit dem **Welpen auf Entdeckungstour**

Geben Sie Ihrem jungen Hund Gelegenheit, viele der folgenden Begegnungen und Situationen zu erkunden:

MENSCHEN	Frauen und Männer; Kinder (im Krabbelalter; mit unsicherem Gang; im Alter von 3–7 Jahren; spielende, tobende Kinder an Schulen/Sportplätzen). Wichtig: Den Hund nicht an den Kindern hochspringen lassen; ältere Menschen mit unsicherem Gang; Menschen im Rollstuhl oder am Stock; Menschen mit Hut, Schirm, Einkaufstasche oder Kinderwagen; Jogger, Radfahrer, Inline-Skater; Briefträger; Besuch zu Hause (mit Kindern, mit Hunden); Freunde gemeinsam besuchen
MENSCHEN-MENGEN	Fußgängerzone, Markt, Einkaufszentrum; U- und S-Bahn, Busbahnhof, Flughafen
TIERARZT	Kommen Sie nicht nur zur Behandlung (Impfen etc.), sondern auch einfach mal so, zum Beispiel um den Hund wiegen zu lassen. Sprechen Sie so ein Vertrauen bildendes Vorbeischauen mit Ihrem Tierarzt, Ihrer Tierärztin ab.
HUNDE	Sorgen Sie für entspannte Begegnungen mit großen, kleinen; jungen, alten und möglichst verschieden aussehenden Artgenossen. Dazu sollten Sie wissen: Den viel zitierten Welpenschutz außerhalb des eigenen Rudels gibt es nicht. Fragen Sie deshalb im Zweifelsfall den anderen Hundehalter, ob sein Vierbeiner freundlich zu Welpen ist.
ANDERE TIERE	Katzen; Kaninchen, Meerschweinchen; Vögel (Hühner, Schwäne, Enten etc.); Kühe, Pferde, Schafe, Ziegen, Schweine (Bauernhof); Wildtiere im Wildpark; Zootiere. Achten Sie dabei immer darauf, dass Ihr Hund keine Gefahr für die Tiere darstellt.
VERKEHR	Aus sicherer Entfernung und natürlich immer an der Leine sollte Ihr Hund alle möglichen Verkehrsmittel (auch auf dem Land) kennenlernen. Natürlich immer wohldosiert und in Häppchen, nicht bei einer stundenlangen Straßenwanderung.
LAUTE GERÄUSCHE	Luftballon oder Tüte platzen lassen, Silvesterknaller (in sicherer Entfernung); Staubsauger, Föhn, Küchenmaschinen, Waschmaschine (ebenfalls auf vernünftige Distanz zum Hund achten); Türglocke, Wecker, laute Musik. Machen Sie Ihren Hund mit verschiedenen lauten Geräuschen vertraut, aber immer in einem Abstand, dass er sich nicht bedroht fühlt.
SONSTIGES	Autofahrten mit dem Hund, Waschanlage; Restaurant, Biergarten; öffentliche Gebäude (Fahrstuhl); unterschiedliche Bodenbeläge (glatt, farbig, Gitter etc.); Treppen (wegen der Verletzungsgefahr keine Rolltreppen); Wasser (flache Seen, Bäche), Badewanne (anfangs ohne Wasser); Situationen während der Dämmerung bzw. in der Dunkelheit

Faires Miteinander

Ein Hund, der seine Rolle kennt, fühlt sich geborgen und sicher. Dafür aber braucht er ebenso klare Regeln wie genug Freiheit für seine Bedürfnisse und Individualität. Mit den folgenden Tipps gelingt die Balance.

Tut gut

+ Ihr Hund braucht einen eigenen Wohlfühl-Platz, an dem er immer Ruhe und Entspannung findet und wo ihn niemand stören darf.

+ Reservieren Sie Zeiten nur für Ihren Hund, in denen Sie sich dann intensiv und sinnvoll mit ihm beschäftigen (Spiel, Spaziergang, Aufgaben, entspannende Massagen etc.)

+ Finden Sie heraus, was den Fähigkeiten Ihres Hundes besonders entgegenkommt und bieten Sie ihm eine entsprechende Beschäftigung an (zum Beispiel Agility oder Fährtentraining).

Besser nicht

− Wählen Sie den Platz für Körbchen, Kissen oder Matratze nicht so, dass der Hund alle Zimmer oder Türen im Blick hat. Dadurch käme ihm eine Kontrollfunktion zu, die ihn überfordert.

− Seien Sie für Ihren Hund nicht ständig »ansprechbar«. Ihr Vierbeiner merkt dadurch schnell, dass er Sie mit »Störmanövern« manipulieren kann.

− Zu wenig Beschäftigung sorgt ebenso für Langeweile wie der ewig gleiche Trott. Das verführt den Hund dazu, sich eigenständig »Aufgaben« zu suchen (etwa das Jagen) und die gute Bindung zwischen Mensch und Hund leidet.

Die sensible Phase der Halbstarken

Nach der Sozialisierungsphase, in der ein Welpe seine Umwelt noch recht angstfrei erlebt (→ Seite 8), kommt unser Vierbeiner in die sogenannte Erkundungsphase. Das Nervensystem mit seinen komplizierten Übertragungsmechanismen ist nun voll ausgebildet, und auch das Angstempfinden ist von dieser Zeit an vollständig ausgeprägt. Aus einem neugierigen, tapsigen Frechdachs wird ein oftmals unsicherer, schlaksiger Junghund, der allerdings dennoch gern mal seinen Mut an Herrchen oder Frauchen ausprobiert: Wie weit kann ich gehen?

Natürlicher Prozess Ein Blick ins Wolfsrudel verrät den Sinn dieser Entwicklung. Der junge Hund entwächst der Welpenstube und soll nun lernen, sich an den anderen Wölfen zu orientieren und sinnvolle Strategien abzuschauen. Das »unterstützen« die Großen mit klaren Ansagen: Bisherige Welpen-Privilegien werden plötzlich rüde verweigert; über die Erwachsenen klettern, mit ihnen an einem Knochen nagen – alles vorbei. Stattdessen gibt es jetzt deutliche Grenzen, die dem Jungtier dabei helfen, seinen Platz in der Rangfolge zu finden.

Freundlich, aber konsequent Im Mensch-Hund-Rudel müssen Sie diese Orientierung geben. Wenn Ihr junger Hund seinen wachsenden Eigenwillen ausprobiert, sollten Sie die bisherigen Regeln erst recht konsequent anwenden. Mehr Strenge ist nicht nötig, Ihr Junghund will Sie schließlich nicht ärgern, sondern nur erwachsen werden. Setzen Sie auf clevere Strategien: Weitet er etwa beim Freilauf seinen Radius immer mehr aus, nützt es wenig, lauter und öfter zu rufen. Bauen Sie lieber häufigere Richtungswechsel ein (→ Seite 28), rufen Sie ihn nur zurück, wenn Sie sicher sein können, dass er tatsächlich kommt – und belohnen Sie ihn dann mit einem Leckerli. So orientiert er sich wieder stärker an Ihnen als Rudelchef. Und das gibt ihm Sicherheit.

Wird Ihr Vierbeiner beim gemeinsamen Herumtollen allzu ungestüm, sollten Sie ihm Grenzen setzen. Beenden Sie das Spiel kommentarlos und nehmen Sie es erst wieder auf, wenn er ruhig ist.

Gezielt gegen die Angst

Die sanften Strategien, mit denen Sie Ihrem Hund mehr Vertrauen in seine Umwelt vermitteln, setzen auf positive Erfahrung. Schon bald werden Sie merken, dass Ihr Vierbeiner gelassener wird. Damit schenken Sie ihm Lebensqualität und nehmen viel Stress aus dem gemeinsamen Miteinander.

Entspannt lernen

Für klare Verhältnisse in der Beziehung zu Ihrem Hund haben Sie jetzt schon mal gesorgt. Er weiß, welcher Platz ihm in Ihrem Leben zufällt und dass er allen Grund hat, Ihnen zu vertrauen: Weil Sie fair und konsequent sind und ihn nicht mit Aufgaben überfordern, die eine Nummer zu groß für ihn sind. Was er nun noch braucht, ist Vertrauen in seine Umwelt. Schließlich kommen zu Ihrem persönlichen Verhalten viele äußere Einflüsse hinzu. Und die lassen sich nicht immer hundertprozentig berechnen oder steuern. Andere Menschen und Tiere, Wind und Wetter, unsere Alltags- und Arbeitswelt – alles hat seinen eigenen Rhythmus.

Haben Sie Geduld

Angst verschwindet nicht über Nacht. Allerdings erleben Sie recht bald Fortschritte, wenn Sie Ihrem Hund mit gezieltem Training helfen, viele gute Erfahrungen zu sammeln. Von Mal zu Mal gewinnt er an Sicherheit. Er fasst Vertrauen und wird gelassener, bis die Angst womöglich ganz aus seinem Leben verschwindet – oder zumindest auf ein Maß zusammenschrumpft, das keine große Belastung mehr für ihn (und Sie) darstellt.
Dass dabei so manches nicht immer auf Anhieb klappt und es auch mal Rückschläge gibt, sollte Sie nicht davon abhalten, an sich und Ihren Hund zu glauben. Mit etwas Übung und viel Aufmerksamkeit für die Reaktionen Ihres Vierbeiners wird es Ihnen gelingen, Strategien wie Splitten, Bogen gehen oder Gegenkonditionierung gezielt in der jeweiligen »Angstsituation« einzusetzen. Und Ihr Hund wird begreifen, dass die Welt zwar jeden Tag wieder etwas anders ist, aber dass Sie immer eine gute Idee haben, wie man diese spannende Herausforderung mit Neugier und Freude meistert.

Planvoll und gelassen

Sie können Ihrem Hund in vielen Fällen wirksam helfen, seine Ängste abzubauen. Als Basis für ein individuelles Trainingsprogramm sollen zunächst einige allgemeine Verhaltenstipps dienen.

Immer einen Blick voraus

Sorgen Sie dafür, dass Ihr Hund durch Ihr vorausschauendes Handeln möglichst gar nicht erst in beängstigende Situationen gerät. Denn mit jeder neuen Konfrontation fühlt sich Ihr Vierbeiner in seiner Angstreaktion bestätigt. Bieten Sie ihm situationsabhängig die passende Lösung, bevor er erste Angstsignale zeigt. Folgende Strategien haben sich dazu gut bewährt:

- Gehen Sie mit dem Hund einen größeren Bogen um den Angstauslöser.
- Nehmen Sie ihn auf Ihre von der vermeintlichen Bedrohung abgewandte Seite (diese Strategie nennt man Splitten).
- Vergrößern Sie, wenn der Hund ein bestimmtes Objekt anstarrt, die Distanz dazu.

Lieber einen Gang zurück Wenn abzusehen ist, dass Sie einer bedrohlichen Situation noch nicht mit einer geeigneten Strategie begegnen können, wechseln Sie am besten rechtzeitig die Straßenseite oder kehren um – immer ganz in Ruhe. Dieses Verhalten ist gerade in der Anfangsphase Ihres gemeinsamen Anti-Angst-Trainings keinesfalls übertrieben, sondern sorgt dafür, dass Ihr ängstlicher Schützling zur Ruhe kommt.

Vielleicht meinen Sie, mit einem Vermeiden der »bedrohlichen« Situation, ob durch Bogengehen, Splitten oder Distanzvergrößern, bestärken Sie den Hund noch in seiner Angst. Doch das Gegenteil ist der Fall. Durch diese Strategien bleibt Ihr Vierbeiner entspannt und hat die innere Ruhe zu »lernen«. In sicherer Entfernung begreift er entweder, dass das vermeintliche Angstobjekt in Wirklichkeit gar nicht gefährlich ist. Dann wird er wahrscheinlich bald

Handeln Sie, bevor Ihr Hund unsicher wird , etwa indem Sie ihn vom Angstobjekt »splitten« (→ Seite 40).

ohne Angst daran vorbeigehen können. Oder er lernt durch Ihr Verhalten, dass er die Strategien auch selbst in angemessener Weise anwenden kann und wechselt ohne Panik auf Ihre andere Seite oder geht einen kleinen Bogen. Auch das wäre eine deutliche Verbesserung seines bisherigen unberechenbaren Verhaltens.

Gezielt vorgehen

Vertrauen, Schutz und Sicherheit sind die Zauberwörter Ihres Anti-Angst-Trainings. Und darum steht Konsequenz in Ihrem Übungsaufbau mit an erster Stelle. Ausnahmen versteht der Hund nicht. Fühlt sich ein ängstlicher Hund in einer ähnlichen Situation einmal geschützt, während er ein anderes Mal dem Angstreiz wieder voll ausgesetzt ist, bereitet ihm das nur noch mehr Stress: Wie soll er Vertrauen in Ihre beschützende Funktion fassen, wenn er an Ihrer Seite einmal sicher ist, dann wieder nicht?

Regelmäßigkeit gibt Sicherheit Deshalb schaffen Sie Trainingssituationen nur ganz gezielt. Ist Ihr Hund beispielsweise in der Stadt ängstlich, sollten Sie ihn erst einmal nicht mehr zum schnellen Einkauf um die Ecke mitnehmen, wenn Ihnen dabei Zeit und Muße für ein Training fehlen. Stattdessen gehen Sie besser am Sonntagvormittag durch die ruhige (Innen-)Stadt und schaffen dann ein, zwei konkrete Übungssituationen.

Kritische Situationen meistern

Bei aller Umsicht kann es doch immer wieder einmal zu Schwierigkeiten kommen. Nehmen Sie sich vor, dann möglichst gelassen zu handeln, denn dadurch entschärfen Sie die Lage noch am wahrscheinlichsten. Selbst wenn Ihr Hund in Panik gerät und »kopflos« wegrennt, bringt es gar nichts, ebenso unüberlegt hinterherzulaufen und laut zu rufen.

Hier bestimmt der Hund: In einer »Angstsituation« hieße das, Sie flüchten mit ihm. Besser: Erst einmal stehen bleiben, dann mit lockerer Leine weitergehen.

Im Gegenteil: Der panische Hund fühlt sich dadurch nur bestätigt, weil er meint, dass Sie auch »flüchten«. Weil er noch dazu die Aufgeregtheit in Ihrer Stimme bemerkt, setzt er seine Flucht fort. Besser: Folgen Sie Ihrem Hund möglichst ohne Anzeichen von Hektik in einem großen Bogen. Rufen Sie ihn erst dann wieder mit ruhiger Stimme, wenn Sie den Eindruck haben, er hat sich etwas beruhigt. Können Sie sich ihm nähern, leinen Sie ihn ohne Hektik an. Wenn der Hund nicht in Panik, sondern »nur« verängstigt weggelaufen ist, bleiben Sie am besten, wo Sie sind; er wird sehr wahrscheinlich wieder dorthin zurückkehren. Bleibt er verschwunden, informieren Sie das Tierheim und die Polizeistation vor Ort (am besten die Nummern ins Handy einspeichern). Tatsächlich aber kommt es nur selten zum Schlimmsten. Und auch Panikattacken enden meist damit, dass Hund und Halter wieder glücklich vereint sind.

Furcht vor Geräuschen

Nicht immer gelingt es, einem Hund die Angst vor Geräuschen ganz und gar zu nehmen. Doch Sie können es schaffen, sie zu mildern und Ihren vierbeinigen Freund dadurch deutlich zu entstressen.

Vor Angstauslösern schützen

Versuchen Sie nach Möglichkeit, Angst auslösende Geräuschsituationen für Ihren Hund zu vermeiden oder gering zu halten. In der Stadt bedeutet das beispielsweise, »gefürchteten« Geräuschquellen nicht unnötig nahe zu kommen. Ein kleiner Umweg hilft dem Hund, gar nicht erst in großen Schrecken oder in Panik zu geraten. Nehmen Sie Ihren Hund auch nicht auf »laute« Veranstaltungen mit.

Zu Hause ist es einfacher Bevor Sie das Angst auslösende Geräusch verursachen (Staubsauger, Föhn etc.), bringen Sie Ihren Hund in einen anderen Raum, in dem er sich wohlfühlt und vom »Lärm« nicht allzu viel mitbekommt. Bieten Sie ihm dort eine besondere Leckerei zur Beschäftigung an, zum Beispiel einen Kauknochen. Sobald Sie Ihre Tätigkeit (= Geräusch) beendet haben, gehen Sie in den Raum und nehmen den Kauknochen wieder an sich. Auf diese Weise verknüpft der Hund das Geräusch mit der Annehmlichkeit. Zusätzlich können Sie die Geräuschquelle (ausgeschaltet) einige Tage herumstehen lassen, so dass der Hund sich von ihrer Ungefährlichkeit überzeugen kann.

Alltagsgeräusche sind für manche Vierbeiner ein Schrecknis; ohne Hilfe gewöhnen sie sich nicht daran. Dieser Hund braucht zunächst Abstand.

Mit dem Hund unterwegs

Auf der Straße oder in der freien Natur sind andere Strategien gefragt. Erschrickt Ihr Hund bei einem Geräusch nur kurz, beruhigt es ihn, wenn Sie ganz gelassen bleiben. Schauen Sie nicht zur Geräuschquelle und gehen Sie im gleichen Tempo weiter. Für den Hund ist dies das Signal: »Herrchen oder Frauchen beunruhigt das Geräusch gar nicht, also ist alles in Ordnung.«

Nicht an der Leine ziehen lassen Will der angeleinte Hund ängstlich flüchten, lassen Sie sich nicht von ihm fortziehen. Bleiben Sie entspannt stehen, schauen oder sprechen Sie ihn nicht an, und versuchen Sie anschließend wieder eine »lockere Leine« herzustellen (→ Seite 27).

Sobald der Hund Sie anschaut, können Sie ihm mit einem ruhigen, freundlichen Blick (und vielleicht einem kurzen Lob) Ihrerseits signalisieren, dass alles in Ordnung ist. Auch hier wieder ganz wichtig: Blicken Sie nicht zur Geräuschquelle, sondern setzen Sie Ihren Weg entspannt fort.

Dieser Hund hat Angst vor der Baustelle, weil er sie nicht einschätzen kann. Wählen Sie daher rechtzeitig eine für den Hund sichere Entfernung.

In der Stadt sollte Ihr Vierbeiner nicht freilaufen. Schon ein unvermitteltes »Tatütata« kann zu einer äußerst gefährlichen Schreckreaktion führen.

Bei Freilauf Ruhe bewahren Reagiert Ihr freilaufender Hund nervös auf ein Geräusch, steigern Sie seine Angst nur, wenn Sie besorgt auf ihn zustürzen. Tun Sie daher immer so, als hätten Sie seine Aufregung gar nicht bemerkt. Gehen Sie in die Hocke, ohne Ihren Hund dabei anzusehen, oder schlendern Sie ein Stück in die entgegengesetzte Richtung, um ihn wieder zu sich heranzuholen. Kommt der Hund zu Ihnen, nehmen Sie ihn ohne Aufregung an die Leine. Auf diese Weise gelingt es am ehesten, ihn von der Ungefährlichkeit der Situation zu überzeugen.

› Flüchtet Ihr Hund in Panik, folgen Sie ihm in einem weiten Bogen (→ Seite 37).

An Geräusche gewöhnen Mit einer Geräusch-CD (aus dem Fachhandel oder selbst gebrannt), können Sie den Hund schrittweise »desensibilisieren«. Spielen Sie die CD zunächst sehr leise ab, so dass der Hund noch keine Angstreaktion zeigt. Benehmen Sie sich dabei ganz normal und gehen Sie nicht auf die Geräusche ein. Bleibt der Hund ruhig, können Sie die Lautstärke allmählich steigern.

Gegenkonditionierung Während Sie die CD-Geräusche in einer Lautstärke abspielen, die Ihren Hund nicht erschreckt, spielen Sie mit ihm, bieten ihm eine Leckerei an oder stellen ihm eine spannende Aufgabe. Sobald das Geräusch endet, hören auch Sie sofort mit der Annehmlichkeit auf. Auf diese Weise verknüpft Ihr Hund die Botschaft: Geräusche sind super. Ich brauche keine Angst zu haben.

Silvester **nicht alleine lassen**

VORSORGEN Gehen Sie einige Tage vor und nach dem Silvesterabend nur mit angeleintem Hund spazieren. An Silvester sollten alle »Geschäfte« vor Dunkelheit erledigt sein. Lassen Sie Ihren Hund nicht allein daheim. Musik überdeckt die Knallerei, Vorhänge schützen vor optischen Reizen. Bei sehr großer Angst können auch Medikamente helfen (→ Seite 16), jedoch immer nur nach Expertenrat.

Wenn Gegenstände bedrohlich wirken

Mit einem Hund unterwegs zu sein, der sich vor eigentlich völlig harmlosen Dingen fürchtet, zum Beispiel vor einem verhüllten Motorrad, herumtreibenden Plastiktüten, Litfaßsäulen, Straßenbesen oder Baugerüsten, ist nicht nur lästig: Springt Ihr erschrockener Vierbeiner auf die Straße, kann das für alle Beteiligten gefährlich werden. Daher lautet das oberste Gebot: Nehmen Sie Ihren Hund im Straßenverkehr immer an die Leine.

Darüber hinaus gibt es einige Erfolg versprechende Strategien, die Ihrem Hund helfen, seine Angst im Straßenalltag zu verlieren.

Entspanntheit signalisieren

Die wohl wichtigste Hilfe für Ihren Hund: Messen Sie seiner Angst keine Bedeutung bei. Blicken Sie also nicht vom gefürchteten Gegenstand zum Hund. Reden Sie weder beruhigend noch gereizt auf ihn ein. Streicheln Sie ihn auch nicht oder nehmen ihn gar auf den Arm – zerren Sie ihn aber ebenso wenig an dem Furcht einflößenden Objekt vorbei.

Lockere Leine Die Signalwirkung einer lockeren Leine (→ Seite 27) ist nicht zu unterschätzen – das gilt für alle Angstsituationen. Sie bringen den Hund damit in eine sichere Gefühlslage (während das Ziehen an der Leine genau das Gegenteil bewirkt).

Splitten und Bogen gehen

Entdecken Sie ein gefürchtetes Objekt in Sichtweite, handeln Sie vorausschauend und mit großer Gelassenheit, noch bevor Ihr Hund überhaupt zögert.

Splitten Nehmen Sie ihn gegebenenfalls ruhig auf Ihre andere Seite, sodass Sie sich wie ein schützendes Bollwerk zwischen dem gefürchteten Objekt und dem Hund befinden.

Bogen gehen Machen Sie wie selbstverständlich einen Bogen um den Gegenstand – an der lockeren Leine und in einem Abstand, sodass Ihr Hund sich wohlfühlt und noch keine Stresssignale zeigt (not-

Das verhüllte Motorad ist diesem Hund nicht geheuer; rechtzeitiges »Splitten« hätte den Stress gemindert.

falls wechseln Sie anfangs sogar die Straßenseite). Aus dieser für ihn sicheren Entfernung macht der Hund die Erfahrung, dass das »seltsame Ding« zwar da ist, aber ihm nichts antut. Schaut Ihr Hund Sie dabei an, geben Sie den Blick kurz und freundlich zurück. Sie können ihn dazu auch kurz loben oder eine Belohnung für sein entspanntes Verhalten geben. Wichtig: Ein Leckerli gibt es nur auf Höhe des Objekts, nicht, wenn Sie daran vorbei sind. Zieht Ihr Hund, bleiben Sie ruhig stehen, gehen dann einige Schritte rückwärts, bis er (von sich aus) wieder den Blickkontakt zu Ihnen sucht.

Plötzlicher Schreck Falls Ihr Hund unerwartet vor etwas erschrickt und daher zögert oder gar wegzieht (das gilt nicht für einen Hund in Panik, → Seite 37), bleiben Sie erst einmal einfach stehen (geben Sie keinesfalls mit der Leine nach) und blicken beiläufig irgendwo anders hin. Nimmt Ihr Hund daraufhin wieder entspannt mit Ihnen Kontakt auf, loben und belohnen Sie ihn dafür. Setzen Sie Ihren Weg dann wie oben beschrieben fort.

Die Distanz verringern

Wenn Sie sich einige Male so vorbildlich verhalten, merkt Ihr Hund recht bald: Es passiert überhaupt nichts, wenn ich an diesem seltsamen Ding vorbeigehe. Haben Sie dieses Zwischenziel erreicht, können Sie die Distanz nach und nach verringern – aber immer nur so weit, dass der Hund mit Ihnen an lockerer Leine vorbeigeht. Dann können Sie es auch einmal mit Gegenkonditionierung versuchen, indem Sie ihn angenehm beschäftigen. Wählen Sie dazu einen sicheren Abstand zum jeweiligen Objekt und absolvieren Sie dort einige Übungen, die Ihr Hund besonders gern macht; vergessen Sie dabei nicht, ihn auch zu belohnen. Oder Sie spielen einfach ein kleines Spiel mit ihm (immer an der Leine).

Zu zweit üben

TIPPS VON DER HUNDE-EXPERTIN
Anja Mack

Wenn Sie mit jemandem unterwegs sind, den Ihr Hund gut kennt, können Sie auf diese Weise versuchen, seine Angst zu lindern:

SCHRITT 1 Stellen Sie sich mit Ihrem Hund in sicherer Entfernung zum gefürchteten Objekt auf (der Hund soll entspannt sein).

SCHRITT 2 Nun geht der Partner zu dem Gegenstand hin und beschäftigt sich eingehend damit (eventuell in die Hocke gehen). Er schaut dabei nicht zum Hund und sagt auch nichts Beruhigendes. Ziel ist es, die Neugierde des Hundes zu wecken (»Was macht Mensch dort?«).

SCHRITT 3 Zeigt der Hund Interesse, lassen Sie ihn an lockerer Leine von sich aus hingehen (genug Zeit lassen, nicht mit Worten drängen).

SCHRITT 4 Beim Angstobjekt »findet« der Hund dann etwas Tolles, etwa ein paar Leckerli oder seinen Futterbeutel mit einer Belohnung.

SCHRITT 5 Loben Sie ihn kurz und gehen Sie dann ruhig mit ihm weiter. Wichtig: Das alles soll auf den Hund so beiläufig wie möglich wirken.

Angst vor Menschen

Bedrohlicher Schirm: der Hund fühlt sich unwohl. Die Distanz zur Frau mit Regenschirm ist ihm zu gering.

Schon viel besser: Herrchen »splittet«, nun fühlt sich der Hund sicher und kann entspannen.

Furcht vor Menschen äußerst sich in den unterschiedlichsten Ausprägungen. Zeigt Ihr Hund schon ein Angstverhalten, sobald er einen Menschen nur erblickt, trainieren Sie mit ihm zunächst in einem weitläufigen Gebiet mit wenigen Spaziergängern.

Stressfreie Zone Im ersten Trainingsschritt gilt es herauszufinden, in welcher Distanz Ihr Hund noch keinen Stress empfindet. Nehmen Sie ihn dafür an Ihre dem anderen Menschen abgewandte Seite (Splitten, → Seite 40). Gehen Sie ruhig in einem großen Bogen am anderen vorbei; Ihr Hund soll dabei an der lockeren Leine entspannt mitgehen. Zögert er oder starrt er ängstlich hinüber, vergrößern Sie die Distanz und nehmen Ihren Hund dabei sanft, aber bestimmt mit. Zieht er von der fremden Person weg, bleiben Sie stehen und schauen unbeteiligt in eine andere Richtung. Ihr Hund darf auf keinen Fall den Eindruck gewinnen, dass Sie seinem Ziehen nachgeben. Sobald er nachgibt und sich entspannt, gehen Sie aus der Situation heraus. Offenbar war die gewählte Distanz für den Hund noch nicht ohne Stress zu bewältigen. Vergrößern Sie bei der nächsten Begegnung den Bogen.

Umlernen Sobald Sie seine »Wohlfühl-Distanz« ermittelt haben, kommt der zweite Trainingsschritt: Ihr Hund erlernt nun eine neue Verhaltensstrategie. Wenn er eine fremde Person erblickt, soll er Blickkontakt mit Ihnen aufnehmen, um sich bei Ihnen zu versichern, dass alles in Ordnung ist. Macht er das bei der nächsten Begegnung, loben Sie ihn kurz für den Blickkontakt (»Fein!«), geben ihm eine besonders leckere Belohnung (→ Seite 47) und setzen Ihren Weg fort. Schaut Ihr Hund Sie nicht an, sondern fixiert den Fremden, gehen Sie so lange einige Schritte rückwärts, bis er Ihnen wieder einen Blickkontakt gibt. Jetzt loben und belohnen Sie – und weiter geht's. Wichtig: Geben Sie dem Hund das Leckerli nicht erst, wenn Sie fast oder schon ganz an dem anderen vorbei sind. Der Hund würde dadurch kombinieren: Bloß schnell weg, dann gibt es etwas Gutes. Und Sie wollen ja genau die gegenteilige Verknüpfung erreichen: »Begegnung mit einem anderen Mensch = lecker!« (Gegenkonditionierung).

Regelmäßig üben Schaffen Sie solche Trainingssituationen etwa ein- bis dreimal in der Woche. Dann werden Sie bald merken, dass die Aufregung nicht mehr ganz so groß ist, sobald Ihr Hund einen Menschen in der Ferne wahrnimmt; bald wendet er sich Ihnen viel häufiger zu. Ein wichtiges Etappenziel ist erreicht. Ganz allmählich, notfalls in winzigen Schritten, verringern Sie nun die Distanz zu den Menschen, denen Sie begegnen. Splitten Sie nach wie vor, achten Sie auf die lockere Leine und vergrößern Sie den Bogen wieder, sobald Sie Stresssignale am Hund beobachten. Ihr Vierbeiner soll sich beim Vorbeigehen immer wohlfühlen können.

Angst vor fremder Nähe

Bitten Sie Personen, vor denen sich Ihr Hund fürchtet, überhaupt nicht auf ihn zu reagieren (sie sollen ihn weder anschauen noch ansprechen oder anfassen) – auch dann nicht, wenn der Hund beginnt, Interesse zu zeigen. Ist Ihr Gegenüber ein gekonnter »Trainingspartner«, gibt er Ihrem Hund damit die Möglichkeit, in aller Ruhe festzustellen: »Ein Mensch ist ja überhaupt nicht gefährlich.« Um die Angst zu überwinden, ist es auch hilfreich, wenn Sie gemeinsam mit dem Hund spazieren gehen. Auch dabei ist es wichtig, dass die Angstperson das Tier völlig ignoriert. Ob mit oder ohne Spaziergang: Sie werden mit der Zeit merken, dass Ihr Vierbeiner allmählich Vertrauen fasst. Er ist dann in der Gegenwart des anderen viel entspannter.

Dann können Sie den nächsten Schritt wagen: Ihr »Trainingspartner« beginnt ein kleines Spiel mit dem Hund (den Ball werfen) oder gibt ihm ein Leckerli (ohne dabei mit Worten zu locken). Geht Ihr Vierbeiner nicht auf das Angebot ein, ist er einfach noch nicht so weit. In diesem Fall kehren Sie erst einmal zu dem oben beschriebenen Ignoranzverhalten zurück und versuchen es nach einer Weile erneut.

Auf Höhe der Angstperson wird jeder entspannte Blickkontakt zu seinem Besitzer mit einem Leckerli belohnt. Der Hund lernt: Mensch mit Schirm ist gut!

Angst vor einem Familienmitglied

Fürchtet Ihr Hund sich vor einem Familienmitglied, gelten die gleichen Regeln wie bei einem Fremden (Seite 43). Sie können Ihr Vorgehen jedoch noch mit weiteren Strategien kombinieren.

Vertrauen fassen Angenehmes wie Spiel, Leckerli, Fressen oder Kauknochen erhält der Hund zunächst nur in Anwesenheit derjenigen Person, vor der er Angst hat (jedoch nicht von dieser selbst). Spielzeug, Knochen und Co. werden wieder weggeräumt, sobald die Person aus dem Zimmer geht – unaufgeregt und ohne Kommentar. Zeigt der Hund bei Erscheinen des Familienmitglieds keine Furcht mehr, übernimmt dieses Schritt für Schritt die Aufgaben von oben: Futternapf füllen und hinstellen, Kauknochen geben (aber nicht wegnehmen), ein Spielzeug hinlegen oder werfen. Dabei ist es wichtig, dem Hund nicht in die Augen zu blicken und ihn auch noch nicht anzufassen. Kommentieren Sie außerdem nie die Fortschritte des Hundes (»Na siehst du, es klappt doch«), sondern tun Sie stets so, als sei das alles ganz selbstverständlich.

Gassi gehen Bei Familienspaziergängen mit dem Hund kann die Person nun immer wieder einmal für einige Schritte die Leine übernehmen (lockere Leine, → Seite 27), mit dem Hund spielen und für gutes Verhalten ein Leckerli anbieten. Dabei sollte die Vertrauensperson des Hundes zwar daneben stehen (das gibt ihm Sicherheit), aber ignorieren, was geschieht (misst der Situation keine Bedeutung bei). Wichtig: Erschüttern Sie das neu gewonnene Vertrauen nicht durch zu schnelle Annäherung. Seien Sie nicht enttäuscht, wenn der Hund doch wieder eine ängstliche Reaktion zeigt, sondern gehen Sie dann eine Trainingsstufe zurück.

Angst vor Besuch

Für einen gelassenen Trainingsaufbau bringen Sie den Hund ohne Hektik in einen anderen Raum, wenn der Besuch (auch Postbote, Pizza-Service etc.) vor der Tür steht. Dort findet der Hund einen gemütlichen Platz und etwas Angenehmes vor, zum Beispiel einen Kauknochen oder ein Lieblingsspielzeug. Der Grund für diese Strategie: Es lässt sich kaum verhindern, dass ein Besucher den Hund

Nett gemeint, doch die Botschaft kommt falsch an: Der Hund fühlt sich bedroht und zeigt Stresssignale.

beim Kommen nicht wenigstens kurz anschaut. Und schon dieser kurze Blickkontakt kann bei dem Vierbeiner Angst (oder gar defensive Aggression) auslösen. Das umgehen Sie, indem Sie diese erste direkte Konfrontation vermeiden.

Die Lage klären Begrüßen Sie Ihren Gast und bitten Sie ihn, er möge den Hund, wenn er ins Zimmer geholt wird, freundlich ignorieren (nicht anschauen, ansprechen, anfassen) – also am besten einfach so tun, als sei der Vierbeiner gar nicht da. Ist das nicht machbar, zum Beispiel, weil ein kleines Kind dabei ist, lassen Sie den Hund einfach in seinem Wohlfühl-Zimmer. Beschäftigen Sie sich dort ab und zu mit ihm, falls die »Wartezeit« sonst zu lang wird.

Ignorieren Macht der Besuch bei Ihrem Training mit, holen Sie, sobald alle Personen sitzen und etwas Ruhe eingekehrt ist, den Hund an der Leine herein. Führen Sie ihn ohne Kommentar an seinen Platz (Hundedecke) in sicherer Entfernung und leinen Sie ihn dort an (üben Sie dies einige Male vorher ohne Besuch; Ihr Hund soll das Anleinen nicht als Bestrafung empfinden). Durch das Anleinen in sicherer Entfernung gerät der Hund nicht in die Gefahr, dem Besuch versehentlich zu nahe zu kommen und dann mit dem üblichen Angstverhalten zu reagieren – was durchaus passieren könnte, würde er frei im Zimmer herumlaufen. Geben Sie Ihrem Vierbeiner einen Kauknochen oder Ähnliches. Der Gast hat derweil die »Aufgabe«, den Hund weder anzuschauen noch anzusprechen oder gar anzufassen. Geht er wieder, bevor der Hund sein Kauvergnügen beendet hat, nehmen Sie es ihm unaufgeregt weg (Verknüpfung Besuch – Leckerei).

Erste Annäherung Fühlt sich der Hund nach einigen Besuchen dieser Art wohl (1. Schritt: immer ins »Wohlfühl-Zimmer«), versuchen Sie es ohne Leine. Der Hund kann nun selbst entscheiden, ob er lieber auf seinem Platz bleibt oder sich vorsichtig neugierig nähert. Auch hier wichtig: Der Besuch sollte die vorsichtige Annäherung nur wahrnehmen, nicht darauf reagieren. Wenn Sie dem Hund eine Schleppleine anlegen, können Sie auf unerwünschtes Verhalten reagieren, indem Sie die Leine ruhig aufnehmen und ihn zu seinem Platz führen.

Wenn man in dieser Situation den Vierbeiner freundlich ignoriert, kann er stressfrei herausfinden, dass Menschen nicht gefährlich sind.

› Zeigt Ihr Hund gegenüber Besuchern Aggressionsverhalten, reicht dieses Training nicht aus. Ziehen Sie professionelle Hilfe hinzu.

Angst vor Artgenossen

Hunde brauchen Sozialkontakte zu ihren Artgenossen, doch nicht selten fürchten sie sich vor Begegnungen von Hund zu Hund. Wählen Sie daher als Trainingspartner verlässliche souveräne Vierbeiner.

Neue Wege aufzeigen Zunächst geht es auch bei diesem Training wieder darum, den Hund in eine entspanntere Gefühlslage zu bringen. Nur so ist er in der Lage, alternative Verhaltensweisen auszuprobieren. Dafür gestalten Sie die nächsten Spaziergänge mit ausreichend großem Abstand zu anderen Hunden. Eventuell ändern Sie auch eine Weile Ihre gewohnten Gassigehzeiten, um nicht zu vielen Artgenossen zu begegnen.

Beide Hunde an der Leine

Wenn Sie mit Ihrem angeleinten Hund einem angeleinten Hund begegnen, splitten Sie und gehen Sie einen Bogen um den anderen Hund (→ Seite 40). Ist das nicht mit lockerer Leine möglich, wechseln Sie die Straßenseite oder kehren ruhig um.

Ist die Distanz groß genug, sodass Sie entspannt an dem anderen Hund vorbeigehen können, machen Sie Ihrem Hund die Situation auch mit einem Leckerli schmackhaft (Gegenkonditionierung). Geben Sie ihm dafür einige besondere Leckerbissen (→ Kasten rechts) – und zwar von dem Moment an, da Ihr Hund den anderen erblickt bis zu dem Zeitpunkt, da sich beide Hunde auf einer Höhe befinden (letztes Leckerli). Schon einen Augenblick später (der fremde Hund ist ein Stück weiter) würde Ihr Hund die Belohnung falsch verknüpfen. Außerdem wichtig: Ihr Hund sollte keine Stresssignale zeigen (sicheres Zeichen: Er geht an der lockeren Leine), ansonsten verknüpft er wiederum falsch und wertet die Futtergabe als Belohnung für sein Stressverhalten. Das richtige Timing ist also sehr wichtig.

Fremder Hund ohne Leine

Prinzipiell sollten Sie vermeiden, dass ein freilaufender Hund sich Ihrem angeleinten Vierbeiner nähert: Kehren Sie rechtzeitig um oder wechseln Sie die Straßenseite – immer völlig ruhig und gelassen. Ist dies nicht möglich, bitten Sie den anderen Hundebesitzer, seinen Hund zu sich zu holen. Kommt der andere Hund jedoch auf Ihren zu, können Sie zunächst versuchen, sich schützend vor Ihren Hund zu stellen. Optimal ist es, wenn Sie jetzt gemeinsam mit Ihrem Hund unaufgeregt aus der Situation herausgehen können. Einen generell gültigen Rat gibt es für Hundebegegnungen dieser Art jedoch nicht. Entscheiden Sie unbedingt situationsabhängig und behalten Sie bei Eskalationen stets die eigene Sicherheit im Auge. Ruhe in Ton und Handeln führt am ehesten wieder zur Entspannung. Ist die akute Situation gemeistert, kehren Sie schnellstmöglich zur »Normalität« zurück und gehen mit lockerer Leine weiter.

Hundebegegnungen im Freilauf

Reagiert Ihr Hund sehr ängstlich auf andere Hunde, nehmen Sie ihn an eine fünf bis zehn Meter lange Schleppleine (am Brustgeschirr), damit er in einem für ihn zu bedrohlichem Moment nicht weglaufen kann. Wählen Sie zudem nach Möglichkeit ein Freilaufgebiet, in dem Sie vorwiegend friedfertige Hunde antreffen. Doch zunächst geht es noch gar nicht um direkten Hundekontakt. Erst einmal zeigen Sie Ihrem

Wenn Ihr Hund vor anderen Hunden Angst hat, bedeutet dies für die gemeinsamen Spaziergänge eine große Einschränkung. Mit einem gezielten Training helfen Sie Ihrem Hund: zunächst mit einer genügend großen Entfernung, dann im gezielten Kontakt mit freundlichen Hunden.

vierbeinigen Freund, dass der bloße Anblick eines Hundes noch nicht bedrohlich ist. Und so geht's: Begegnen Sie einem Hund, schauen Sie sich nicht ängstlich nach Ihrem eigenen um. Gehen Sie rechtzeitig mit ruhigem Schritt in einem Bogen um den fremden Hund, ohne diesen dabei direkt anzuschauen. Ist der Bogen groß genug, wird Ihr eigener Hund Ihr »Angebot« gern annehmen und Ihnen vertrauensvoll folgen. Aus sicherer Entfernung lernt er: »Fremde Hunde tun mir nichts.«

Attraktive **Futterbelohnung**

EINFACH UNWIDERSTEHLICH Ein Leckerli im rechten Moment ist beim Training ein wichtiges Hilfsmittel. Ein gestresster Hund nimmt aber oft nur schwer Futter an. Je köstlicher es für ihn ist, desto eher ist er bereit dazu (Käse, getrocknete Lunge).

Von Schnauze zu Schnauze

Wenn Sie Ihrem Vierbeiner auf diese Weise schon etwas Gelassenheit bei Hundebegegnungen vermitteln konnten, üben Sie Treffen auch mal gezielt mit einem Ihnen bekannten, souveränen, ruhigen und nicht aufdringlichen Hund. Ideal ist in der Regel ein etwas kleinerer Hund als Trainingspartner – und für Ihre Hündin einen Rüden, für Ihren Rüden eine Hündin. Gehen Sie nie frontal auf den anderen Hund zu, sondern immer in einem (leichten) Bogen. Wenn sich die Tiere annähern oder beschnuppern, bleiben Sie nur kurz stehen und verlassen die Situation dann wieder. Mit dem Wieder-Weitergehen nach kurzer Begegnung bieten Sie Ihrem Hund eine Lösung an, die ihm sicher erscheint: »Ich kann ja kurz schnuppern und dann gleich wieder gehen.« In den folgenden Wochen können Sie die Zeiten bei den Begegnungen langsam steigern und auch variieren (immer mal ein anderer Hund). Achten Sie dabei immer darauf, dass Ihr Hund stressfrei bleibt. Lieber ein paar wenige, positive Kontakte, als viele, von denen auch nur einer nicht gut verläuft.

Das Ziel ist erreicht

Mit entsprechender Geduld kommt Ihr vierbeiniger Freund allmählich zu der Überzeugung, dass andere Hunde nicht grundsätzlich gefährlich sind. Irgendwann hat er vielleicht sogar Freude an den Begegnungen und spielt mit dem einen oder anderen Artgenossen. Zumindest aber lernt er, ohne Angst in einem vernünftigen Abstand an Hunden vorbeizugehen. Dann hat er gelernt: Ich muss keinen Kontakt aufnehmen, wenn ich nicht will.

› Gerät Ihr Hund angesichts anderer Vierbeiner trotz ausgiebigen Trainings regelmäßig in Panik, sollten Sie sich nicht scheuen, eine Therapie mit professioneller Unterstützung zu beginnen.

Dieser Hund hat gelernt, entspannt einen gemäßigten Bogen um einen Artgenossen zu machen, statt zu fliehen – eine große Verbesserung.

Trennungsstress überwinden

DOGSITTER Während des Trainings sollten Sie den Hund möglichst nur zu Übungszwecken allein lassen. Notfalls organisieren Sie einen Dogsitter (Familie/Freunde/Hundetagesstätte). Falls es gar nicht anders geht und der Hund doch mal in der Wohnung oder im Haus zurückbleiben muss, lassen Sie ihn nicht in das »Übungszimmer«, damit er hier immer nur gute Erfahrungen macht.

GEDULD, GEDULD Verschieben Sie Kino-, Theaterbesuche und Co. noch etwas. Schon bald hält Ihr Vierbeiner es eine Weile allein aus, und Sie können auch mal eine Zeit ohne ihn genießen. Mehr als vier bis fünf Stunden sollten Sie Ihren Hund allerdings ohnehin nicht allein lassen.

Trennungsstress

So gern Sie Ihren Hund um sich haben: Er kann nicht immer und überall dabei sein, Sie müssen ihn auch einmal allein lassen. Einige Hunde ertragen das nur schlecht. Sie bellen oder jaulen, kratzen an der Tür, »verewigen« sich auf dem Teppich oder zerstören etwas. Das Ganze ist jedoch nicht nur für das Tier belastend, sondern bedeutet meist auch eine große Einschränkung für den eigenen Lebensrhythmus. Dabei läst sich Trennungsstress in der Regel gut in den Griff bekommen. Alles, was Sie brauchen, ist etwas Zeit für ein regelmäßiges Training.

Geborgenheit schaffen

Bevor Sie eine Trainingseinheit starten, gehen Sie lange Gassi. Ihr Hund ist dann viel ausgeglichener – eine gute Voraussetzung für die anschließende Ruhephase. Wählen Sie für das Üben ein nicht zu großes Zimmer ohne direkten Blick nach draußen (keine bodentiefen Fenster oder Glastüren); dort muss Ihr Hund nicht so viel im Auge behalten (Überforderung). Bereiten Sie ihm ein bequemes Lager (nicht zentral platzieren). Mit einem Kauknochen oder Spielzeug zur Beschäftigung und einem Napf Wasser wird es ein echter Wohlfühl-Platz.

Eingewöhnung Gewöhnen Sie Ihren Hund zunächst in Ihrem Beisein an den Aufenthalt bei geschlossener Tür. Dafür machen Sie es sich mit einem Buch oder angenehmer Musik gemütlich (nicht telefonieren) und beachten Ihren Hund nicht. Üben Sie sich im freundlichen Ignorieren. Ihr Vierbeiner soll lernen, eine Weile ohne Ihre Aufmerksamkeit auszukommen. Nach ca. 30 Minuten öffnen Sie die Tür wieder, bleiben aber noch eine Zeit lang im Raum. Sobald Sie die Tür öffnen, nehmen Sie Kauknochen und Spielzeug wieder an sich. Nach fünf Minuten können Sie dann den Raum verlassen (der Hund kann bleiben oder mitkommen). Die Übung ist fürs Erste beendet.

Jeder Hund sollte eine gewisse Zeit ohne Stress allein sein können. Dafür lernt er zunächst in Ihrem Beisein auch einmal ohne Ihre ständige Aufmerksamkeit auszukommen.

Kurz weggehen

Wenn Sie den Eindruck haben, dass Ihr Hund sich in Ihrer Anwesenheit bei geschlossener Türe wohlfühlt, beginnt das eigentliche Training. Dazu verlassen Sie nach fünf bis zehn Minuten den Raum, ohne den Hund dabei zu beachten (Tür schließen, Musik anlassen). Anfangs kehren Sie bereits nach rund 20 Sekunden zurück (auch wenn der Hund winselt) – vielleicht mit einer Zeitung oder einem Glas Wasser in der Hand (Türe schließen) –, setzen sich wieder hin, lesen oder hören Musik . Wichtig: Beim Betreten des Raums den Hund nicht beachten.

Längere Abwesenheit Klappt das gut (Hund liegt entspannt oder spielt), steigern Sie die Dauer Ihrer Abwesenheit in kleinen Schritten oder gehen zwei, drei Mal hinaus; es sollte aber keine Unruhe entstehen. Bleibt der Hund entspannt liegen (kaut oder döst vor sich hin), dehnen Sie die Phasen immer weiter aus. Erledigen Sie in der Zeit alle möglichen Alltagsdinge, setzen sich aber auch mal ganz ruhig in einen anderen Raum – so gewöhnt sich der Hund an die Stille während Ihrer Abwesenheit. Variieren Sie die Zeitspanne und bleiben Sie mal eine halbe Minute, dann wieder drei oder fünf Minuten, aber auch einmal nur eine Minute weg. Grundsätzlich gilt: Wenn Sie wieder in den Raum kommen, beachten Sie Ihren Hund nicht und schließen die Tür. Sie lesen dann wieder oder hören Musik, ehe Sie nach zwei, drei Minuten die Tür wieder öffnen. Auch dann bleiben Sie noch eine Weile im Raum, bevor Sie ganz normal mit dem Alltag weitermachen.

Haus oder Wohnung verlassen Wenn auch das sehr gut klappt, beginnen Sie, die Wohnung oder das Haus für kurze Zeit zu verlassen. Der Hund ist in »seinem« Raum, die Tür ist geschlossen. Kehren Sie dann in das Zimmer zurück, und beenden Sie die Übung wie gewohnt. Mit der Zeit steigern Sie die Abwesenheit: erst auf zwei bis drei Minuten, wenn das gut klappt, auch mal auf eine Viertelstunde – je nachdem, wie entspannt Ihr Hund ist.

› Üben Sie zu verschiedenen Tages- und Abendzeiten, damit später auch einem Kinobesuch nichts im Wege steht. Zeigt Ihr Hund dabei erneut Stressverhalten, ist er noch überfordert. Gehen Sie im Trainingsplan zurück, bis er sich wieder wohlfühlt.

Bei der Rückkehr ins »Wohlfühl-Zimmer« gibt es kein Lob; das würde dem Alleinsein Bedeutung beimessen.

Andere Ängste

Unbekannte Untergründe bereiten einigen Hunden großes Unbehagen. Und auch das Autofahren fürchtet so mancher Vierbeiner.

Treppen, Böden & Co.

Wenn Sie bei Ihrem Hund nur ein leichtes Zögern bemerken, sobald Sie unbekannten Boden betreten, versuchen Sie zunächst, sein Verhalten zu ignorieren. Gehen Sie ruhig und entspannt weiter. Mit etwas Glück folgt er Ihnen und merkt, dass es ungefährlich ist. Überwindet der Hund seine Furcht nicht, macht es keinen Sinn, ihn zu ziehen. Meist hilft es auch wenig, ihn mit einem Leckerli zum Weitergehen zu verlocken. Er wird dadurch nur noch skeptischer und beginnt immer früher mit dem Meideverhalten. Für ein wirksames Training brauchen Sie Zeit zum Üben. Bis dahin müssen Sie die Stelle notfalls umgehen oder den Hund darüber tragen.

Das Training Stellen Sie sich an den Rand des »Krisengebiets« und warten Sie ab, wie Ihr Hund reagiert. Blicken Sie ihn dabei nicht an und halten Sie die Leine locker. Zieht er, bleiben Sie ruhig stehen. Schnuppert er am Boden oder an der Treppe, loben und belohnen Sie ihn dafür. Jeder weitere mutige Schritt in die richtige Richtung wird belohnt.

Brücken bauen Legen Sie auf glatte Böden im Innenraum zunächst einen Läufer. Rundherum verteilen Sie Leckerli, die der Hund sich nehmen darf. Geben Sie ihm die Zeit, die er braucht, sich mit dem ungewohnten Untergrund vertraut zu machen.

Ins Auto – nein danke ...

Steigt ein Hund nicht gern ins Auto (manche speicheln oder erbrechen gar vor Stress), nützt es wenig,

Treppen machen vielen Hunden Angst. Lassen Sie Ihren Hund in Ruhe selbst erkunden. Für jede Annäherung gibt es ein Leckerli – aber nicht locken!

ihn mit Leckerli hineinzulocken. Stattdessen gehen Sie mehrmals einfach so mit ihm am Auto vorbei, ohne dass er einsteigen muss. Füttern Sie ihn dann zunächst in der Nähe, später vor und zum Schluss im Auto. Sie können ihm auch einen Kauknochen oder Ähnliches ins Auto legen. Wichtig: Bevor der Hund mit Fressen oder Kauen fertig ist, holen Sie ihn wieder aus dem Auto (bei Futteraggression vorsichtig an einer Schleppleine herausziehen). Auf diese Weise lernt Ihr Hund bald, dass im Auto etwas Leckeres auf ihn wartet.

Ratsam: Verzichten Sie vor Trainingsbeginn eine Weile aufs gemeinsame Autofahren. Wenn es gar nicht anders geht, heben Sie den Hund eine Weile ins Auto, damit er kein Meideverhalten mehr zeigt. Wovor ein Hund Angst haben kann, ist höchst individuell. Grundsätzlich sind alle beschriebenen Strategien auf (fast) jedes Angstverhalten anwendbar.

Seelenmassage

Ihr Hund hat ein breites Verhaltensrepertoire, Angst ist nur eine Facette davon. Über die bewusste positive Beschäftigung mit Ihrem Vierbeiner fördern Sie seine vielen anderen Talente – probieren Sie es aus! Schenken Sie ihm Ruhe und Bindung, Freude und Selbstbewusstsein über Berührung, Sport und Spiel.

Gemeinsam entdecken, was in ihm steckt

Ein Hund, der Angst hat, spielt nicht. Umgekehrt gilt: Ein Hund, der spielt, hat keine Angst. Deshalb ist es ein toller Erfolg, wenn es Ihnen gelingt, mit Ihrem ängstlichen Vierbeiner gemeinsam aktiv zu sein. Denn in der Zeit freudiger Beschäftigung kann er in sicherer Atmosphäre seine Angst für eine Weile vergessen. Auch Hundesport (Agility, Obedience etc.) ist eine ideale Möglichkeit, Ausgeglichenheit und Selbstvertrauen zu fördern.

Spiel und Spaß

Regelmäßige Spaziergänge, deren Dauer dem Bewegungsdrang Ihres Vierbeiners angepasst sind, bescheren eine gute Portion Ausgeglichenheit. Doch immer nur dieselbe Route und der ewig gleiche Ablauf, das ist nicht nur für Sie langweilig. Auch Ihr Hund freut sich über Abwechslung. Bauen Sie deshalb öfter mal einen Abenteuerspaziergang ein: Kleine Übungen mit natürlichen Hindernissen für ein fröhliches »Freestyle-Agility« bieten sich dazu ebenso an wie verschiedene Kunststückchen. Üben Sie diese zunächst in sicherer Umgebung zu Hause. Später dann können Sie es – mit mehr Ablenkung – auch draußen ausprobieren.

Achten Sie drinnen wie draußen auf einen klaren Spiel- und Trainingsaufbau und steigern Sie die Herausforderungen allmählich; vergessen Sie dabei nie das Loben. Die freudige Beschäftigung mit dem Vierbeiner macht nicht nur Spaß, sondern festigt außerdem die Bindung. Denn Ihr Hund lernt dabei spielerisch, sich stärker an Ihnen zu orientieren und Vertrauen zu fassen. Genau das hilft ihm, nach und nach souveräner zu werden – vorausgesetzt, der Spaß steht im Vordergrund und kein falscher Ehrgeiz. Das entspannte Miteinander vermittelt jedem Hund die Botschaft: Ich mag dich – genau so, wie du bist.

Aktiv Zeit miteinander verbringen

Möglichkeiten für eine sinnvolle Beschäftigung gibt es viele – und zwar für drinnen und für draußen. Sie reichen von Basis-Übungen wie »Sitz«, »Platz« oder »Bleib«, über kleine Kunststücke wie »High Five« bis hin zu organisiertem Hundesport in der Hundeschule oder im Verein.
Selbstverständlich bietet auch ein längerer (Abenteuer-)Spaziergang im Grünen eine gute Möglichkeit, sich intensiv mit dem Hund zu beschäftigen – ganz ohne Hilfsmittel und Organisationsaufwand. Die Natur bietet genug Anregungen, miteinander zu spielen, zu toben und zu turnen. Voraussetzung ist immer, dass Ihr Vierbeiner mit der jeweiligen Beschäftigungsart angstfrei umgehen kann. Und genau dafür gibt es ein paar Regeln, an die Sie sich unbedingt halten sollten:

Baut Stress ab und beruhigt: Geben Sie Ihrem Hund gelegentlich etwas zu Kauen, das er gern mag und gut verträgt.

› Beginnen Sie in den eigenen vier Wänden. In vertrauter Umgebung hat Ihr Vierbeiner die Möglichkeit, stressfrei zu lernen. Auch auf ein kleines (Zerr-)Spiel lässt sich der Hund drinnen zunächst bereitwilliger ein, weil er nicht auch noch die Umwelt im Auge behalten muss.
› Beginnen Sie mit sehr kurzen Übungseinheiten – ein, zwei Minuten genügen anfangs völlig. Auch mehr als zwei, drei Wiederholungen am Stück sind meist nicht sinnvoll (auch später nicht). Sie sollten mit dem Training aufhören, bevor Ihr Hund unkonzentriert wird. Viel effektiver: Teilen Sie sich eine Aufgabe in mehrere kleine Etappenziele auf, die Sie schrittweise trainieren.
› Erst wenn Ihr Hund eine Übung drinnen zuverlässig und mit viel Spaß ausführt, sollten Sie es draußen versuchen. Denn im Freien ist die Ablenkung viel größer – gerade für einen ängstlichen Hund. Wählen Sie einen ruhigen Ort, an dem sich Ihr Vierbeiner wohlfühlt. Üben Sie außerdem zunächst nur mit ihm allein; später funktioniert es sicher auch in einer Gruppe. Legen Sie bei Aufgaben oder Spielen mit Gegenständen eine Pause ein, sobald fremde Hunde hinzukommen (Aggressionsgefahr wegen Spielzeug etc.).
› Bauen Sie die gleiche Übung draußen wieder in sehr kleinen Schritten auf. Für den Hund ist es hier schwieriger, sich zu konzentrieren – die Rahmenbedingungen sind schließlich ganz anders als daheim.

Spiele für drinnen und draußen

Lässt sich Ihr Hund für Leckerli begeistern, können Sie ihm zu Hause mit Futterspielen eine Freude machen und ihn zugleich für seinen »Mut« belohnen.

Eine »richtige« Aufgabe stärkt das Selbstvertrauen: mit der Futterbeutel-Suche bieten Sie Ihrem Hund immer wieder eine spannende Herausforderung.

Über die spielerische Beschäftigung mit dem Hund fördern Sie sein Selbstwertgefühl und schaffen eine vertrauensvolle Mensch-Hund-Beziehung.

»Handtuchrolle« Dieses Spiel können Sie jederzeit in den Alltag einbauen, es dauert nicht länger als ein, zwei Minuten: Nehmen Sie ein Handtuch doppelt, rollen Sie es locker zusammen und legen Sie es auf den Boden. Ihr Hund sitzt oder steht dabei in der Nähe und schaut Ihnen zu. Platzieren Sie ein Leckerli in der Rolle – anfangs noch ziemlich am Anfang des Handtuchs. Nun fordern Sie Ihren Hund auf, sich das Leckerli zu holen (»Such Leckerli«). Mit ein, zwei Nasenstupsern hat er die Rolle aufgeschubst und entdeckt den Leckerbissen – eine tolle Belohnung für seine findige Nasenarbeit. Ein, zwei Durchgänge auf diese einfache Weise genügen, damit der Hund begreift, worum es Ihnen geht. Nun können Sie von Mal zu Mal das Leckerli ein wenig tiefer in der Rolle verstecken (zwischendurch aber auch mal wieder weiter vorn). Sinn der Übung ist, dass Ihr Vierbeiner das Handtuch mit der Nase aufrollt und das Leckerli nicht etwa herausschüttelt. Das erreichen Sie am besten, indem Sie in sehr kleinen Schritten vorgehen.

› Ist Ihr Hund kein Leckerli-Typ, verstecken Sie eins seiner Spielzeuge in der Handtuchrolle. Hat er es entdeckt, wird zur Belohnung damit gespielt.

»Kartonsuche« Stecken Sie zerknülltes Zeitungspapier in eine niedrige Schachtel (ohne Klammern etc.) und verstecken Sie darin Leckerli. Wieder darf der Hund dabei zuschauen, damit er begreift, worum es geht. Dann geben Sie den Karton zur Suche frei.

Gute **Ideen sammeln**

ANREGUNGEN Vorschläge für kleine Tricks und ein abwechlsungreiches Training mit dem Vierbeiner finden Sie in speziellen Spiel- und Sportbüchern (→ Seite 62). Vielleicht schauen Sie sich auch einfach etwas von befreundeten Mensch-Hund-Teams ab. Manchmal ist es zudem sinnvoll, für einen gezielten Trainingsaufbau ein paar Stunden professionelles Hundetraining zu buchen.

Hat Ihr Vierbeiner Angst vor dem Karton, bauen Sie das Spiel langsam auf: Nehmen Sie zunächst einen sehr flachen Karton (oder nur den Deckel) und legen Sie ein oder zwei Leckerli darauf. Nimmt er diese irgendwann angstfrei herunter, tauschen Sie die Schachtel entweder gegen eine etwas höhere aus oder legen schon mal ein Zeitungsknäuel dazu. So steigern Sie die Herausforderungen Schritt für Schritt; der Hund sollte dabei immer angstfrei sein und viel Spaß haben.

Futterbeutel Mit einem Futterbeutel können Sie zunächst daheim ein Spiel aufbauen, das sich später herrlich für eine Geländesuche eignet. So geht's: Sie nehmen Ihren Hund an Geschirr und Leine, füllen den Futterbeutel und spielen damit vor dem Hund auf dem Boden herum, bis er freudig aufgeregt auf den Beutel reagiert. Dann werfen Sie den Beutel etwa einen Meter weit weg. Tobt der Hund hinterher und nimmt ihn mit der Schnauze auf, loben Sie ihn freudig und ziehen ihn mitsamt dem Futterbeutel sanft zu sich heran. Gehen Sie dabei einige Schritte rückwärts und anschließend in die Hocke. Loben Sie ihn, während er auf Sie zu kommt. Nehmen Sie ihm den Futterbeutel ruhig ab und belohnen ihn daraus. Nimmt der Hund den Beutel nicht ins Maul, spielen Sie freudig damit auf

Wenn es Ihnen gelingt, mit Ihrem Hund freudig Kunststücke zu trainieren oder gemeinsam einen Hundesport auszuüben, erhält er viel positive Bestätigung. Und die braucht er für ein unbeschwertes Leben.

dem Boden, bis er ihn eventuell aufnimmt. Das können Sie ein paar Tage lang immer wieder ein-, zweimal üben – bis der Hund verstanden hat, dass er den Futterbeutel zu Ihnen zurückbringen soll. Bringt der Hund den Beutel stets zurück, versuchen Sie es auch einmal ohne Leine. Ist der Hund zu ängstlich, um den Beutel aufzunehmen, gehen Sie hin und freuen sich, wenn er ihn »gefunden« hat.

Üben mit Signal Klappt auch das drinnen zuverlässig, probieren Sie es draußen aus – in sicherer Umgebung und anfangs wieder an Geschirr und (Schlepp-)Leine. Wenn Ihr Hund auch in dieser »aufregenden« Umgebung den Futterbeutel sicher bei Ihnen abgibt, führen Sie ein Signal dazu ein, und zwar so: Sie lassen Ihren Hund neben sich »Sitz« machen und geben ihm das Signal »Bleib«. Dann verstecken Sie den Futterbeutel sehr einfach, gehen zum Hund zurück und schicken ihn mit einem Signal (»Such!« oder »Bring!«) auf die Suche. Klappt alles gut und bringt er den Beutel zuverlässig zurück, versuchen Sie es ohne (Schlepp-)Leine. Dieses Spiel können Sie sehr schön ausbauen: Vergrößern Sie die Entfernung (den Beutel aber immer wieder mal wieder sehr einfach verstecken), lassen Sie den Hund beim Verstecken nicht mehr zuschauen oder platzieren Sie den Futterbeutel etwas erhöht (aber immer ungefährlich). Wichtig: Steigern Sie die Herausforderung sehr vorsichtig. War ein Versteck zu schwierig, machen Sie es Ihrem Vierbeiner zum Abschluss noch einmal ganz leicht, damit der Hund das Spiel immer mit einem Erfolgserlebnis beenden kann.

› Die Futterbeutelsuche ist eine gute Vorbereitung für spätere Beschäftigungen wie Fährtenarbeit oder Mantrailing (Personensuche). Die meisten Hunde lieben die Futterbeutelsuche über alles, das Suchen macht sie glücklich und entspannt.

Ruhe geht durch den Magen

TIPPS VON DER HUNDE-EXPERTIN
Anja Mack

Leckerli sind wichtige Hilfsmittel beim Anti-Angst-Training. Und das richtige Futter kann die Ausgeglichenheit eines Hundes fördern.

NATUR PUR Leckerli sollten weder Zucker noch Farb- und Konservierungsstoffe enthalten.

AUSGEWOGEN Um das Futter optimal auf die Bedürfnisse Ihres Hundes abzustimmen, empfiehlt sich die Beratung eines Tierernährungsexperten. Besonders bei selbst zubereitetem Futter ist es nicht immer einfach, ein optimales Verhältnis an Kohlenhydraten, Eiweiß (Protein), Fett, Vitaminen, Mineralstoffen und Co. zu erzielen.

KOHLENHYDRATE Ein zu hoher Eiweißgehalt im Futter kann Ihren Hund nervöser machen, ein höherer Kohlenhydratanteil wirkt »beruhigend«. Bewährt hat sich täglich ein kleiner Snack aus gekochten Hartweizennudeln oder Kartoffeln ohne Sauce oder Sonstiges (neben Hauptfütterungen; für mittelgroße Hunde ca. zwei Handvoll). Zwei Stunden vor- und nacher gibt es nichts anderes zu fressen, auch keine Leckerli. Nur dann »wirkt's« richtig (und macht nicht dick).

Kuscheln für Körper und Seele

In einem Wolfsrudel zeigen Tiere, die sich mögen, ihre Sympathie oft deutlich über Körperkontakt: Wie zufällig streifen sie einander im Vorbeigehen, liegen in Ruhephasen Seite an Seite (»Kontaktliegen«), beknabbern sich gegenseitig das Fell, tauschen »Schnauzenzärtlichkeiten« aus. All dies sind Zeichen für Vertrauen, Verbundenheit, Entspannung und Nähe – und dient darüber hinaus dem Erhalt des sozialen Friedens im Rudel.

Typgerechte Zärtlichkeit

Wenn Ihr Hund Nähe und Zärtlichkeit mag, können Sie ihm auch auf diese Weise ein Gefühl von Sicherheit vermitteln und Entspannung bieten. Meist streicheln wir unseren Hund ohnehin intuitiv richtig. Das zeigt seine Reaktion: Genüsslich dreht er sich auf den Rücken, präsentiert dabei voller Vertrauen die empfindlichsten Regionen. Er weiß eben, dass ihm nur Gutes widerfährt. Oder er drückt sich mit dem Kopf oder dem ganzem Körper an uns, wenn wir ihn hinter den Ohren oder unten am Hals kraulen, ganz nach dem Motto »Bitte bloß nicht damit aufhören«.

Doch nicht alle Hunde sind geborene Kuschler. Manche mögen nur ab und zu kurz ein paar Streicheleinheiten, dann gehen sie wieder. Auch in diesem Punkt sind unsere Vierbeiner Individualisten. Oder sie finden einfach keinen Geschmack an zwar gut gemeinten, aber doch eher »rauen« Annäherungen, wie heftigem Klopfen oder Kopftätscheln. Das sollten Sie respektieren. Denn in puncto Zärtlichkeit gilt: Erlaubt ist nur, was dem Hund offensichtlich wohltut; »Zwangs-Schmusen« ist tabu.

Wellness für den Vierbeiner

Mithilfe einer sanften und gekonnten Massage führen Sie den Hund langsam, aber sicher an das Genießen heran – sofern Sie dabei immer genau auf die Signale Ihres Vierbeiners achten.

Hilfe vom Profi Viele Tierphysiotherapie-Praxen bieten Massagen für Hunde an, die Probleme mit der Muskulatur oder dem Bewegungsapparat haben. Aber auch körperlich gesunde Hunde, die einfach »nur« Entspannung brauchen, sind durchaus geeignete Kandidaten für eine professionelle Massage. Gerade ängstliche Vierbeiner haben nicht selten eine verspannte Nacken- und Rückenmuskulatur, eben weil es ihnen so unendlich schwerfällt, einfach einmal locker zu lassen.

Zeit für Zärtlichkeit: Berührungen, die der Hund mag und genießen kann, wirken beruhigend.

Einige Massagegriffe können Sie auch selbst einmal ausprobieren.

› Wenn Ihr Hund ruhig auf der Seite liegt, setzen Sie sich so zu ihm, dass seine Läufe zu Ihnen zeigen. Streichen Sie nun großflächig mit beiden Händen flach und mit sehr sanftem Druck über den ganzen Körper – vom Nacken bis zu den Gliedmaßen. Auf den großen Muskelflächen im Bereich der Schulter und am Oberschenkel lassen Sie die Hände etwas länger verweilen. Wichtige Regel: Die Hände immer nur auf der Muskulatur bewegen, nie auf Knochenvorsprüngen wie dem Beckenknochen oder dem Schultergelenk. Wenn Sie spüren, dass Ihr Hund irgendwo empfindlich reagiert, mildern Sie den Druck an dieser Stelle sofort.

› So ein sanftes Ausstreichen können Sie auch mit einem kleinen Kirschkernkissen ausführen, das Sie zuvor im Backofen oder in der Mikrowelle erwärmen; Wärme unterstützt die Muskelentspannung. Reagiert Ihr Hund mit Zurückhaltung oder Angst auf das Kissen, legen Sie es zuvor in seine Nähe und lassen ihn in Ruhe daran schnuppern, ohne das zu kommentieren. Wenn er sich von der Ungefährlichkeit überzeugt hat, fangen Sie an, ihn damit zu berühren – anfangs immer nur kurz. Hören Sie auf, sobald er Unwohlsein signalisiert und hindern Sie ihn nicht daran, wegzugehen; dann ist er noch überfordert.

› Mit sogenannten S-Rollungen können Sie Verklebungen in den oberen Hautschichten lösen. Dazu nehmen Sie die obere dicke Hautschicht zwischen Daumen und Finger und »rollen« sie vorsichtig in S-Form gegeneinander, sanft rechts und links der Wirbelsäule entlang (niemals direkt darauf). Wenn Sie die andere Körperseite massieren wollen, drehen Sie den Hund nie über die Wirbelsäule um. Lassen Sie ihn aufstehen und auf der anderen Seite ablegen.

› Steigern Sie Ihre Massage-Sitzungen nur sehr langsam; anfangs genügen schon ein, zwei Minuten.

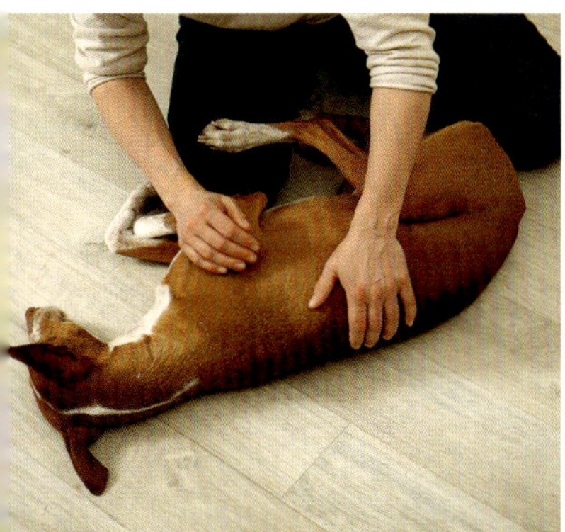

1 AUSSTREICHEN Mit der flachen Hand und einem ganz leichten Druck wird der ganze Körper ausgestrichen. Wichtig: Den Hund niemals zwingen.

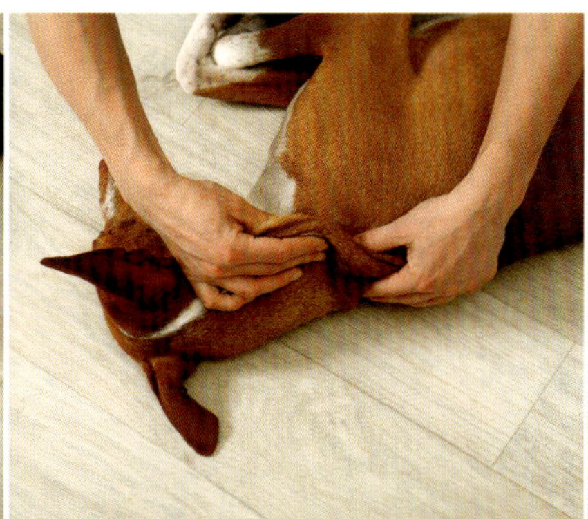

2 S-ROLLUNG Sie nehmen die obere dicke Hautschicht zwischen die Finger und bewegen sie den Rücken entlang sanft gegeneinander. Wichtig: Nie auf der Wirbelsäule arbeiten.

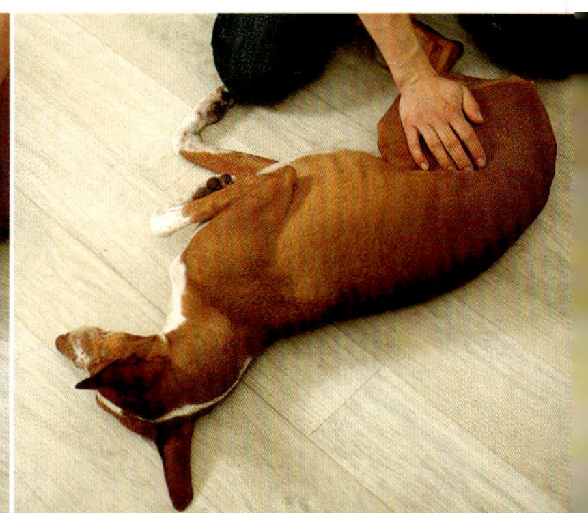

3 ZIRKELUNGEN Massieren Sie mit dem Handballen die Muskulatur am Oberschenkel und Oberarm (nie direkt auf den Knochen). Wirkt entkrampfend.

Die **halbfett** gesetzten Seitenzahlen verweisen auf Abbildungen, U = Umschlag, UK = Umschlagklappe.

A

B

D

E

F

G

H

I

J

K

Die Inhalte dieses Buches beziehen sich auf die Bestimmungen des deutschen Tier- bzw. Artenschutzes. In anderen Ländern können die Angaben abweichend sein. Erkundigen Sie sich daher im Zweifelsfall bei Ihrem Zoofachhändler oder bei der entsprechenden Behörde.

Verbände

› Berufsverband der Hunderzieher/-innen und Verhaltensberater/innen e. V. (BHV), Eichenweg 2, 65527 Niedernhausen, www.bhv-net.de
› Deutscher Hundesportverband e. V. (DHV), Gustav-Sybrecht-Str. 42, 44536 Lünen, www.dhv-hundesport.de

Wichtiger **Hinweis**

› Eine »Konfrontationstherapie« verstärkt beim ängstlichen Hund die Angst noch. Er braucht Ruhe, um stressfrei lernen zu können, dass Angst nicht notwendig ist.

› Schimpfen oder ein harscher Ton in einer Angstsituation sind kontraproduktiv und erzeugen nur neuen Stress. Kommentieren Sie das Verhalten gar nicht, das entspannt.

› Bei defensiver Aggression besteht dringender Handlungsbedarf, denn dieses Verhalten hat einen stark selbst belohnenden Charakter. Nehmen Sie am besten auch professionelle Hilfe in Anspruch.

› Österreichischer Tierschutzverein, Kohlgasse 16, A-1050 Wien, Tel. 00 43/1/89 73 34 6, www.tierschutzverein.at
› IEMT Schweiz, Institut für interdisziplinäre Erforschung der Mensch-Tier-Beziehung, Postfach 1273, CH-8034 Zürich, www.iemt.ch

Hundeschule

› Hundeschule Lucky Dogs – DIE Hundeschule, Anja Mack, St. Emmeram, 81925 München, Tel. 0177/8972412, www.hundeschule-lucky-dogs.de

Gesundheit

› Reha für Hunde, Elke Pfeiffer, Sommerstr. 35, 81543 München, Tel.: 089/94 50 94 15, www.reha-fuer-hunde.de
› Silke Hill, Tierheilpraktikerin für klassische Homöopathie, München, Tel. 089/6015917

Registrierung

Sollte Ihr Hund einmal verloren gegangen sein, hilft es beim Wiederfinden, wenn er registriert ist:
› TASSO e. V., Abt. Haustierzentralregister, 65784 Hattersheim am Main, Tel. 0 61 90/93 73 00, www.tasso.net

Fragen zur Haltung

beantworten Ihr Zoofachhändler und der Zentralverband zoologischer Fachbetriebe Deutschlands e. V. (ZZF), Tel.: 0611/44755332 (nur telefonische Auskunft möglich: Mo 12–16 Uhr, Do 8–12 Uhr) www.zzf.de

Bücher

› Feddersen-Petersen, Dorit Urd: Hundepsychologie. Franckh-Kosmos Verlag, Stuttgart
› Ludwig, Gerd: Hunde Spiele-Box. Gräfe und Unzer Verlag, München
› Schlegl-Kofler, Katharina: Hundesprache. Gräfe und Unzer Verlag, München
› Weidt, Andrea: Hundeverhalten – Das Lexikon. Roro-Press Verlag, Dietlikon
› Wolf, Kirsten: Hunde Spiel & Sport. Gräfe und Unzer Verlag, München

Zeitschriften

› dogs. Gruner + Jahr, Hamburg
› HundeWelt Sport. Minerva Verlag, Mönchengladbach
› Partner Hund. Gong Verlag, Ismaning

Bildnachweis

animals-digital: Lindert-Rottke: (Klappe vorne), Lewandowitz (Klappe vorne); **Brodmann, Thomas:** Cover, Klappe vorne (2), S. 3, 7 (2), 9, 10, 12 o., 14, 16, 17, 18/19 (2), 24, 27 (2), 28, 29, 30, 36, 37, 38, 39 (2), 40, 42 (2), 43, 48, 50, 51, 55 (2), 56, 59 (3), Klappe hinten innen, Klappe hinten außen (3), Rückseite Mitte; **getty images/Altrendo:** S. 20; **Giel, Oliver:** S. 4, 8, 11, 12 u., 18/19 (1), 22, 23, 32, 33, 44, 45, 49, 54, Rückseite l. und r.; **Juniors/Monika Wegler:** S. 47; **Kuhn, Regina:** Klappe vorne (1), 1, 2 (2), S. 18/19 (3), 34; **mauritius images/Christine Steimer:** S. 58; plainpicture/Mira: S. 52.

Illustration S. 15: Johann Brandstetter

Freude am Tier

Die neuen Tierratgeber – da steckt mehr drin

ISBN 978-3-8338-0523-3
64 Seiten

ISBN 978-3-8338-1605-5
64 Seiten

ISBN 978-3-7742-1604-4
64 Seiten

ISBN 978-3-8338-1604-8
64 Seiten

ISBN 978-3-8338-1197-5
64 Seiten

ISBN 978-3-8338-1195-1
64 Seiten

Das macht sie so besonders:

Praxiswissen kompakt – vermittelt von GU-Tierexperten

Praktische Klappen – alle Infos auf einen Blick

Die 10 GU-Erfolgstipps – so fühlt sich Ihr Tier wohl

G|U

Willkommen im Leben.

Unsere Garantie

Alle Informationen in diesem Ratgeber sind sorgfältig und gewissenhaft geprüft. Sollte dennoch einmal ein Fehler enthalten sein, schicken Sie uns das Buch mit dem entsprechenden Hinweis an unseren Leserservice zurück. Wir tauschen Ihnen den GU-Ratgeber gegen einen anderen zum gleichen oder ähnlichen Thema um.

Liebe Leserin und lieber Leser,

wir freuen uns, dass Sie sich für ein GU-Buch entschieden haben. Mit Ihrem Kauf setzen Sie auf die Qualität, Kompetenz und Aktualität unserer Ratgeber. Dafür sagen wir Danke! Wir wollen als führender Ratgeberverlag noch besser werden. Daher ist uns Ihre Meinung wichtig. Bitte senden Sie uns Ihre Anregungen, Ihre Kritik oder Ihr Lob zu unseren Büchern. Haben Sie Fragen oder benötigen Sie weiteren Rat zum Thema? Wir freuen uns auf Ihre Nachricht!

Wir sind für Sie da!
Montag – Donnerstag: 8.00 – 18.00 Uhr;
Freitag: 8.00 – 16.00 Uhr
Tel.: 0180-5 00 50 54*
Fax: 0180-5 01 20 54*
*(0,14 €/Min. aus dem dt. Festnetz/ Mobilfunkpreise können abweichen.)
E-Mail:
leserservice@graefe-und-unzer.de

P.S.: Wollen Sie noch mehr Aktuelles von GU wissen, dann abonnieren Sie doch unseren kostenlosen GU-Online-Newsletter und/oder unsere kostenlosen Kundenmagazine.

GRÄFE UND UNZER VERLAG
Leserservice
Postfach 86 03 13
81630 München

Redaktion: Nadja Harzdorf, Alexandra Stronski
Lektorat: Sylvie Hinderberger
Bildredaktion: Daniela Jelinek, Petra Ender (Cover)
Umschlaggestaltung und Layout: independent Medien-Design, München
Herstellung: Claudia Labahn
Satz: Uhl + Massopust, Aalen
Reproduktion: Longo AG, Bozen
Druck: Firmengruppe APPL, aprinta druck, Wemding
Bindung: Firmengruppe APPL, sellier druck, Freising

Printed in Germany

ISBN 978-3-8338-1688-8

1. Auflage 2009

GRÄFE UND UNZER

Ein Unternehmen der
GANSKE VERLAGSGRUPPE

Die Autorinnen

Anja Mack studierte Tiermedizin und leitet in München Lucky Dogs DIE Hundeschule. Schon während des Studiums beschäftigte sie sich intensiv mit dem Verhalten von Hunden und besuchte zahlreiche Fortbildungen. Anhand langjähriger Erfahrung mit Hunden und ihren Besitzern entwickelte sie einen individuellen Trainingsaufbau für Hunde mit problematischem Verhalten, wie zum Beispiel Angst. In ihrer Hundeschule bietet sie zudem ein abwechslungsreiches Programm an: von der Welpenspielstunde bis zum Training für den Familienhund.

Kirsten Wolf ist freie Journalistin in München, eines ihrer Schwerpunktthemen ist die Beziehung von Mensch und Hund. Mit ihrer Irish Terrier-Hündin trainiert sie in ihrer Freizeit Obedience, Agility und Fährtenarbeit. Bei Gräfe und Unzer erschien von ihr bereits das Buch »Hunde Spiel & Sport«.